今すぐ使えるかんたん **mini**

Imasugu Tsukaeru Kantan mini Series

Excel
全(オール)関数事典

Excel 2016/2013/2010/2007 対応版

技術評論社

本書の使い方

対応バージョンを表示しています。
■ 使用可能、× 使用不可です。

関数の分類を示しています。

日付／時刻 ▶ 期間

2007 2010 2013 2016

2つの日付の間の稼働日数を求める
NETWORKDAYS

関数名とその機能を表示しています。

書　式：NETWORKDAYS(開始日 , 終了日 [, 休日])

計算例：NETWORKDAYS("2016/1/1" , "2016/2/1")
［2016/1/1］から［2016/2/1］までの稼働日数［23］日を返す（ここでは土日のみ除外）。

次のような項目を配置しています。
機能：関数の機能の説明
解説：補足的な解説
使用例：簡単な使用例

機能 NETWORKDAYS 関数は、2つの日付をシリアル値または日付文字列で指定し、その2つの日付の間の稼働日数を計算します。土日の休日のほかに、祝日や公休などを指定することができます。

使用例 月ごとの営業日数を求める

下表では、月ごとの営業日数を計算しています。土日、土日と祝日、土日と祝日と公休をそれぞれ除いた営業日数は、NETWORKDAYS 関数の引数［休日］に、前ページで作成した祝日のリストに定義した名前（祝日、祝日公休）を指定しています。たとえば、セル［F3］には「=NETWORKDAYS（$B3,$C3,祝日公休）」と入力しています。

使用しているサンプルファイル名を表示しています。サンプルファイルは弊社ホームページからダウンロードできます。

📄 43

162

- 本書では、各関数の先頭に関数の書式と簡単な計算例を示して、関数の概略がわかるようにしています。
- 特に使用頻度の高い関数に関しては、「使用例」をあげて解説しています。本書で使用したサンプルは、弊社ホームページの以下のURLにアップロードしておりますのでぜひご利用ください。

http://gihyo.jp/book/2016/978-4-7741-8035-5/support

日付/時刻 ▶ 期間

  2010 2013 2016

指定した稼働日数後の日付を求める(平日の定休日に対応)
WORKDAY.INTL

書 式：WORKDAY.INTL(開始日 , 日数 [, 週末] [, 休日])

計算例：WORKDAY.INTL("2016/3/1" , 10 , 14)
毎週水曜日を定休日（[週末]の[14]）に指定した場合の、[2016/3/1]のシリアル値[42430]から、稼働日数[10日後]に当たる稼働日[2016/3/12]のシリアル値[42441]を返す。

> 関数の書式や具体的な計算例を解説しています。[ ]内の引数は省略可能です。

機能 WORKDAY関数（P.161参照）は土日が稼働日から除外されていましたが、WORKDAY.INTL関数は、除外する曜日を[週末]で個別に指定できます。これにより、土日は営業、平日に定休日というパターンの稼働日数後の日付が求めることができます。

[週末]に指定する番号は、下表に示します。

番 号	曜 日
1（省略）	土、日
2	日、月
3	月、火
4	火、水
5	水、木
6	木、金
7	金、土

番 号	曜 日
11	日
12	月
13	火
14	水
15	木
16	金
17	土

> 章が探しやすいように、ページの両側に章のタイトルを表示しています。

Memo
開始日のセル指定

EDATE関数（P.160参照）などで、すでに日付が入力されている表などを利用して、月数後の日付を求めたという場合は、[開始日]に基準となるセル値を指定すれば同様に求めることができます。

> 「機能」「解説」「使用例」以外の補足的解説は、Memoで説明します。

Excel 2016の関数機能

リボンメニュー

Excel 2007で採用された「リボン」メニューは、その後、Excel 2016でも引き続き使われています。＜数式＞タブにはほとんどすべての関数が用意されており、使用したい関数のジャンルがわかっていれば＜関数ライブラリ＞の分類別のボタンをクリックして素早く入力できます。また、どのような関数を使えばよいかわからない場合には、＜関数の挿入＞fxをクリックして、＜関数の挿入＞ダイアログボックスから関数を挿入できます。

＜関数の挿入＞ダイアログボックス

Excel 2016で関数を挿入するには、これまでのExcelと同じく＜関数の挿入＞fxをクリックして＜関数の挿入＞ダイアログボックスを表示して入力する方法、＜数式＞タブで利用する関数をクリックして＜関数の引数＞ダイアログボックスを表示して入力する方法、数式ボックスに直接入力する方法があります。

＜関数の挿入＞ダイアログボックスには、Excelのほぼすべての関数の情報があり、それぞれ簡単な説明が表示されます。関数の分類を選ぶとその分類の関数一覧が表示されるので、ここから関数を選んで挿入することができます。また、どのような関数を使えばよいかわからない場合には、＜関数の挿入＞ダイアログボックスの＜関数の

●＜関数の挿入＞ダイアログボックス

検索>にキーワードを入力し、最適な関数を見つけ出すことができます。

<関数の挿入>ダイアログボックスを使う最大のメリットは、使用したい関数を選択すると表示される<関数の引数>ダイアログボックスです。はじめて使用する関数でも、表示されている説明を確認しながら引数を入力できるので、関数式を理解していない場合でも利用可能です。

なお、各ダイアログボックスの左下に表示される<この関数のヘルプ>をクリックすると、その関数の使用方法などの詳細な説明が表示されるので、参考にするとよいでしょう。

●<関数の引数>ダイアログボックス

●関数のヘルプ

Excel 2016で追加された関数

Excel 2016では、新たに予測に関する5つの統計関数が追加されました。追加された関数は、以下のとおりです。

関数名	概要
FORECAST.ETS	指数平滑化(ETS)アルゴリズムのAAAバージョンを使って、既存の(履歴)値に基づき将来価値を返す
FORECAST.ETS.CONFINT	特定の目標日の予測値について信頼区間を返す
FORECAST.ETS.SEASONALITY	指定された時系列に見られる反復パターンの長さを返す
FORECAST.ETS.STAT	時系列予測の結果として統計値を返す
FORECAST.LINEAR	既存の値に基づいて、将来価値を返す

本書の構成

●本書に掲載した関数

本書では、Excel のすべての標準関数 476 種類を、関数の用途に応じて整理して掲載していますので、目的に応じた関数を素早く選び出すことができます。

●本書の目次と索引

本書では、右ページの図に示すとおり、目次の他に 3 つの索引を用意しています。目的に合わせて使い分けてください。

大分類	Win/2007	Win/2010	Win/2013	Win/2016	関数内訳（一部）	概 要
数学／三角	60	64	79		四則計算	四則計算など、汎用的な計算のための関数
					整数計算	切り捨て・切り上げ・四捨五入その他の整数にかかわる計算を行う関数
					三角関数など	三角・逆三角・双曲線関数、円周率、平方根などの関数
					指数・対数関数	指数関数および対数関数
					組み合わせ・べき乗	組み合わせ、階乗、多項係数、べき級数を求める関数
					行列関数	配列の行列式、逆行列、行列の積を計算する関数
					その他	ローマ数字生成、乱数発生データベース集計など、他の小分類には入らない関数
統計	83	136	142	147	代表値	最大値、最小値、平均値、標準偏差などからはじまる、データの特徴を表す数値を求める関数
					順位	データの順位を計算したり、上位の何割かに位置するデータを抽出したりする関数
					離散確率	整数のように、データの数が数えられる場合の出現確率などを計算する関数
					連続確率	実数の場合のように、データの数が数えられない場合の出現確率などを計算する関数
					検定	仮説検定を行うための関数
					相関・回帰	2 組のデータの相関関係や、データの集まりを直線または曲線で近似して分析する関数
日付／時刻	22	24	26		現在日時	現在または本日の時刻や時間を求める関数
					日時 / 時刻	年月日時分秒から対応するシリアル値を求める関数
					シリアル値変換	シリアル値から年月日時分秒や曜日を求める関数
					週番号	シリアル値を与えた日がその年の何番目の週に当たるかを計算する関数
					期間差	2 つの日付の間の日数 / 年数などを計算する関数
財務	53	55			借入・返済・投資・貯蓄	元利返済、現在価値・将来価値にかかわる関数
					投資評価	正味現在価値・内部利益率を求める関数
					減価償却	減価償却費を計算する関数
					確定利付証券	証券の満期額・利率・利回りなどを計算する関数

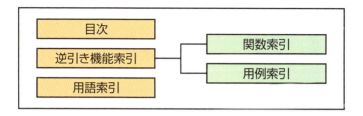

大分類	2007	2010	2013	2016	関数内訳（一部）	概　要
論理		7		9		IF関数、AND関数、OR関数、NOT関数、TRUE関数、FALSE関数
情報		17		20	検査	対象が、数値/文字列、奇数/偶数、エラー値、論理値、空白セル、セル参照を検査する関数
情報					情報検索	操作環境、セル情報、データタイプ、エラー値を求める関数
情報					数値/文字列	指定した値の数値変換やふりがなを返す関数
検索／行列		18		19	データ検索	指定した検索値に対応するセルの値または引数の値を抽出する関数
検索／行列					位置検索	指定した検索値に対応する位置を表す値を抽出する関数
検索／行列					領域個数	範囲に含まれる領域の個数を求める関数
検索／行列					セル参照	指定した条件を満たすセル参照を計算する関数
検索／行列					行列計算	指定した範囲の行／列の番号／数を計算する関数
検索／行列					リンク・ピボットテーブル	他のブックへのリンクを作成する関数
データベース			12			よく使われる一部の数学／三角関数や統計関数を、リスト形式のデータに対して適用できるように手を加えた関数
文字列操作		36		39	文字列変換	英文カナ文字の全角／半角、文字／コード、英文字の大文字／小文字、文字／数値などの変換関数
文字列操作					文字列/文字数抽出	文字列の文字数や文字列自体の抽出を行う関数
文字列操作					文字列の検索／置換	文字列の位置の検索や文字列の置換を行う関数
文字列操作					文字列の比較／結合	複数の文字列に対してその内容の比較や文字列の結合を行う関数
文字列操作					文字列の削除や繰返表示	不要な文字列を削除したり文字列を指定回数繰り返し表示したりする関数
エンジニアリング		41		54	n進数変換・単位変換	n進数どうしの変換や数値の単位の変換を行う関数
エンジニアリング					比較・二重階乗	2つの数値の比較、しきい値との比較、二重階乗を計算する関数
エンジニアリング					誤差積分	誤差積分（正値域で正規化し直した標準正規分布の積分）を利用する関数
エンジニアリング					ベッセル関数	ベッセル関数および修正ベッセル関数の計算を行う関数
エンジニアリング					複素関数	複素数をExcelで利用するための関数
キューブ			7			SQL Server上のデータを連結して多次元データベース「キューブ」を操作する関数
Web				3		WebやWebサービスからの情報取得するための関数
最新				6		Office 365で最新のExcelを利用すると使用可能な関数（P.313参照）
合計	356	415	465	476		（Excel 2016 は利用状況によっては 470）

※ 2016年3月末時点の収録数。Excel 2016（一部 Office Insider）で確認。

目次

第1章 数学／三角 45

四則計算

関数	説明	ページ
SUM	数値の合計を求める	46
SUMIF	条件を付けて数値を合計する	47
SUMIFS	複数の条件を付けて数値を合計する	48
PRODUCT	複数の数値を掛け合わせる	50
SUMPRODUCT	2つ以上の数値の組を掛けて合計する	50
SUMSQ	数値の2乗の合計を求める	51
SUMX2MY2 SUMX2PY2 SUMXMY2	数値の2乗に関する計算をする	51
SUBTOTAL	11種類の小計を求める計算を行う	52
AGGREGATE	19種類の集計を行う	53

整数計算

関数	説明	ページ
INT	もっとも近い整数に切り下げる	54
TRUNC	指定桁数になるように数値を切り捨てる	55
ROUND	数値を指定桁数で四捨五入する	55
ROUNDUP ROUNDDOWN	数値を指定桁数に切り上げ/切り捨てる	56
CEILING CEILING.PRECISE (ISO.CEILING)	数値を指定した数値の倍数に切り上げる	57
CEILING.MATH	指定した方法で倍数に切り上げる	57
FLOOR FLOOR.PRECISE	数値を指定した数値の倍数に切り捨てる	58
FLOOR.MATH	指定した方法で倍数に切り捨てる	58
MROUND	数値を指定した数値の倍数で四捨五入する	59
EVEN ODD	数値を偶数値/奇数値へ切り上げる	59
QUOTIENT MOD	割り算の商や余りを返す	60
GCD LCM	最大公約数や最小公倍数を求める	61

かんたん mini
Excel
全関数事典

目次

分類	関数	説明	ページ
階乗・組み合わせ	FACT	数値の階乗を求める	62
	FACTDOUBLE	数値の二重階乗を返す	62
	COMBIN	組み合わせの数を求める	63
	COMBINA	重複組み合わせの数を求める	63
多項式	MULTINOMIAL	多項係数を求める	64
	SERIESSUM	べき級数近似を求める	64
記数法	DECIMAL	n進数を10進数に変換する	65
	BASE	10進数をn進数に変換する	65
変換計算	ROMAN	アラビア数字をローマ数字に変換する	66
	ARABIC	ローマ数字をアラビア数字に変換する	66
	RADIANS	度をラジアンに変換する	67
	DEGREES	ラジアンを度に変換する	67
	ABS	数値の絶対値を求める	68
	SIGN	数値の符号を求める	68
平方根・円周率	SQRT	平方根を求める	69
	PI	円周率πの数値を求める	69
	SQRTPI	πの倍数の平方根を求める	69
指数・対数・べき乗	EXP	指数関数を利用する	70
	LN	自然対数を求める	70
	POWER	数値のべき乗を求める	71
	LOG	指定する数を底とする対数を求める	71
	LOG10	10を底とする対数を求める	71
三角関数	SIN	角度のサイン（正弦）を求める	72
	COS	角度のコサイン（余弦）を求める	72
	TAN	角度のタンジェント（正接）を求める	72
	SEC	角度の正割を求める	73
	CSC	角度の余割を求める	73
	COT	角度の余接を求める	73
	ASIN	数値のアークサイン（逆正弦）を求める	74
	ACOS	数値のアークコサイン（逆余弦）を求める	74
	ATAN ATAN2	アークタンジェント（逆正接）を求める	74
	ACOT	数値の逆余接を求める	76

かんたん mini
Ｅｘｃｅｌ
全関数事典

目次

双曲線関数	SINH	数値の双曲線正弦を求める	76
	COSH	数値の双曲線余弦を求める	76
	TANH	数値の双曲線正接を求める	77
	SECH	数値の双曲線正割を求める	77
	CSCH	数値の双曲線余割を求める	77
	COTH	数値の双曲線余接を求める	78
	ASINH	数値の双曲線逆正弦を求める	78
	ACOSH	数値の双曲線逆余弦を求める	79
	ATANH	数値の双曲線逆正接を求める	79
	ACOTH	数値の双曲線逆余接を求める	79
行列・行列式	MUNIT	指定した次元の単位行列を求める	80
	MDETERM	行列式を求める	81
	MINVERSE	逆行列を求める	81
	MMULT	行列の積を求める	81
乱数	RAND	0以上1未満の実数の乱数を発生させる	82
	RANDBETWEEN	範囲を指定して整数の乱数を発生させる	82

第2章 統計　　83

平均値	AVERAGE	数値の平均値を求める	84
	AVERAGEA		
	AVERAGEIF	条件を付けて数値を平均する	86
	AVERAGEIFS	複数の条件を付けて数値を平均する	87
	GEOMEAN	数値の相乗平均（幾何平均）を求める	88
	HARMEAN	数値の調和平均を求める	89
	TRIMMEAN	数値から異常値を除いて平均値を求める	89
最大・最小	MAX	最大値を求める	90
	MAXA		
	MIN	最小値を求める	90
	MINA		
メジアン・モード	MEDIAN	中央値（メジアン）を求める	92
	MODE (MODE.SNGL)	最頻値（モード）を求める	92
	MODE.MULT	複数の最頻値（モード）を求める	93

目次

分類	関数	説明	ページ
個数	COUNT / COUNTA	数値などの個数を求める	94
	COUNTIF	1つの検索条件を満たすセルの個数を求める	95
	COUNTIFS	複数の検索条件を満たすデータ数を求める	96
	COUNTBLANK	空白のセルの個数を求める	98
	FREQUENCY	度数分布を求める	99
順位	RANK（RANK.EQ） / RANK.AVG	データの中の数値の順位を求める	100
	LARGE / SMALL	指定した順位の数値を求める	101
分位	QUARTILE（QUARTILE.INC） / QUARTILE.EXC	データの四分位数を求める	102
	PERCENTILE（PERCENTILE.INC） / PERCENTILE.EXC	データの百分位数を求める	103
	PERCENTRANK（PERCENTRANK.INC） / PERCENTRANK.EXC	数値の位置を百分率で求める	103
二次代表値	VAR（VAR.S） / VARP（VAR.P） / VARA / VARPA	データの分散を求める	104
	STDEV（STDEV.S） / STDEVP（STDEV.P） / STDEVA / STDEVPA	データの標準偏差を求める	105
偏差	AVEDEV	数値の平均偏差を求める	106
	DEVSQ	数値の偏差平方和を求める	106

かんたん mini
Excel
全関数事典

目次

分類	関数名	説明	ページ
高次代表値	SKEW	データの歪度を求める	107
	SKEW.P	データの歪度を求める（一般的な方式）	107
	KURT	データの尖度を求める	108
順列・確率	PERMUT	順列を求める	108
	PROB	確率変数が指定範囲に収まる確率を求める	109
	PERMUTATIONA	重複順列を求める	109
二項分布	BINOMDIST（BINOM.DIST）	二項分布の確率を計算する	110
	BINOM.DIST.RANGE	二項分布を使用した試行結果の確率を求める	110
	PHI	標準正規分布の密度の値を求める	111
	CRITBINOM（BINOM.INV）	二項分布確率が目標値以上になる最小の成功回数を求める	112
その他の離散分布	NEGBINOMDIST	負の二項分布の確率を計算する	113
	NEGBINOM.DIST		
	HYPGEOMDIST	超幾何分布の確率を計算する	114
	HYPGEOM.DIST		
	POISSON（POISSON.DIST）	ポアソン分布の確率を計算する	115
正規分布	NORMDIST（NORM.DIST）	正規分布の確率を求める	116
	NORMSDIST	標準正規分布の確率を求める	117
	NORM.S.DIST		
	GAUSS	指定した標準偏差の範囲になる確率を求める	118
	NORMSINV（NORM.S.INV）	標準正規分布の累積分布関数の逆関数値を求める	118
	NORMINV（NORM.INV）	正規分布の累積分布関数の逆関数値を求める	119
	STANDARDIZE	標準正規分布に変換する標準化変量を求める	119

目次

分類	関数名	説明	ページ
指数・対数分布	LOGNORMDIST / LOGNORM.DIST	対数正規分布の確率を求める	120
	LOGINV (LOGNORM.INV)	対数正規分布の累積分布関数の逆関数値を求める	120
	EXPONDIST (EXPON.DIST)	指数分布の確率分布を求める	121
拡張分布	BETADIST / BETA.DIST	ベータ分布の確率を求める	122
	BETAINV (BETA.INV)	ベータ分布の累積分布関数の逆関数値を求める	122
	GAMMA	ガンマ関数の値を算出する	123
	GAMMADIST (GAMMA.DIST)	ガンマ分布関数の値を算出する	124
	WEIBULL (WEIBULL.DIST)	ワイブル分布の値を算出する	124
	GAMMAINV (GAMMA.INV)	ガンマ累積分布関数の逆関数の値を算出する	125
	GAMMALN (GAMMALN.PRECISE)	ガンマ関数の値の自然対数を算出する	125
検定	CONFIDENCE (CONFIDENCE.NORM)	正規分布に従うデータから母平均の片側信頼区間の幅を求める	126
	CONFIDENCE.T	t分布に従う標本から母平均の片側信頼区間の幅を求める	126
	TDIST / T.DIST.RT / T.DIST.2T	t分布の上側、または、両側確率を求める	127
	TINV (T.INV.2T)	t分布の両側確率から上側の確率変数を求める	128
	T.DIST	t分布の確率を求める	128
	T.INV	t分布の下側確率から確率変数を求める	129
	TTEST (T.TEST)	t検定の確率を求める	130
	ZTEST (Z.TEST)	z検定の上側確率を求める	131
	FDIST (F.DIST.RT)	F分布の上側確率を求める	131

目次

分類	関数名	説明	ページ
(検定)	FINV (F.INV.RT)	F分布の上側確率から確率変数を求める	132
	F.DIST	F分布の確率を求める	133
	F.INV	F分布の下側確率から確率変数を求める	133
	FTEST (F.TEST)	F検定の両側確率を求める	134
	CHIDIST (CHISQ.DIST.RT)	カイ二乗分布の上側確率を求める	134
	CHIINV (CHISQ.INV.RT)	カイ二乗分布の上側確率から確率変数を求める	135
	CHISQ.DIST	カイ二乗分布の確率を求める	135
	CHISQ.INV	カイ二乗分布の下側確率から確率変数を求める	136
	CHITEST (CHISQ.TEST)	カイ二乗検定の上側確率を求める	136
相関	PEARSON	ピアソンの積率相関係数と決定係数を求める	137
	RSQ		
	COVAR (COVARIANCE.P)	2組のデータの母共分散を求める	138
	COVARIANCE.S	2組のデータの共分散を求める	138
	CORREL	2組のデータの相関係数を求める	139
	FISHER	フィッシャー変換の値を算出する	140
	FISHERINV	フィッシャー変換の逆関数の値を算出する	140
回帰	LINEST	複数の一次独立変数の回帰直線の係数を算出する	141
	TREND	複数の一次独立変数の回帰直線の予測値を算出する	141
	SLOPE	1変数の近似直線の傾きと切片を算出する	142
	INTERCEPT		
	FORECAST	1変数の近似直線の予測値を算出する	143
	FORECAST.LINEAR		
	FORECAST.ETS	実績から予測値を求める	143
	FORECAST.ETS.CONFINT	予測値の信頼区間を求める	144
	FORECAST.ETS.SEASONALITY	指定した時系列の季節パターンの長さを返す	144

(回帰)	FORECAST. ETS.STAT	時系列予測から統計値情報を求める	145
	STEYX	1変数の近似直線の標準誤差を算出する	145
	LOGEST	複数の独立変数の回帰指数曲線の係数を算出する	146
	GROWTH	複数の独立変数の回帰指数曲線の予測値を算出する	146

第3章 日付／時刻　147

現在の日時	TODAY	現在日付を表示する	150
	NOW	現在の日付と時刻を表示する	150
指定日時	DATE	指定した日付を表示する	151
	DATEVALUE	日付を表す文字列をシリアル値に変換する	151
	TIME	指定した時刻を表示する	152
	TIMEVALUE	時刻を表す文字列をシリアル値に変換する	152
	DATESTRING	西暦の日付を和暦の日付に変換する	153
日時情報	YEAR	シリアル値から年を求めて表示する	154
	MONTH	シリアル値から月を求めて表示する	154
	DAY	シリアル値から日を求めて表示する	155
	HOUR	シリアル値から時を求めて表示する	155
	MINUTE	シリアル値から分を求めて表示する	156
	SECOND	シリアル値から秒を求めて表示する	156
週情報	WEEKDAY	シリアル値から曜日を求めて表示する	157
	WEEKNUM	指定した日付の週の番号を求める	158
	ISOWEEKNUM	指定日のISO週番号を求める	159
期間	EDATE	指定した月数後の日付を計算する	160
	EOMONTH	指定した月数後の月末日付を計算する	160
	WORKDAY	指定した稼働日数後の日付を計算する	161
	NETWORKDAYS	2つの日付の間の稼働日数を求める	162
	WORKDAY. INTL	指定した稼働日数後の日付を求める （平日の定休日に対応）	163
	NETWORKDAYS. INTL	2つの日付の間の稼働日数を求める （平日の定休日に対応）	164
	DATEDIF	2つの日付の間の年/月/日数を求める	164
	DAYS	2つの日付の間の日数を求める	165

目次

(期間)	DAYS360	2つの日付の間の日数を求める（1年=360日）	166
	YEARFRAC	2つの日付の間の期間を年数で求める	166

第4章 財務　167

借入返済	PMT	元利均等返済における返済金額を求める	168
	PPMT	元利均等返済における指定期の元金返済額を求める	170
	IPMT	元利均等返済における指定期の利息を求める	170
	CUMPRINC	元利均等返済における指定期間の元金返済額累計を求める	171
	CUMIPMT	元利均等返済における指定期間の金利累計を求める	171
	RATE	元利均等返済における利率を求める	172
	NPER	元利均等返済における支払回数を求める	173
	ISPMT	元金均等返済における指定期の利息を求める	173
現在価値・将来価値	PV	現在価値を求める	174
	FV	将来価値を求める	174
	RRI	将来価値から利率を求める	175
	NPV	定期キャッシュフローの正味現在価値を求める	176
	FVSCHEDULE	初期投資の将来価値を算出する	177
	XNPV	非定期キャッシュフローに対する正味現在価値を算出する	178
	IRR	定期キャッシュフローに対する内部利益率を求める	178
	XIRR	非定期キャッシュフローに対する内部利益率を算出する	179
	MIRR	定期キャッシュフローの修正内部利益率を算出する	179
年利率	EFFECT	実効年利率を求める	180
	NOMINAL	名目年利率を求める	180

目次

変換関数	DOLLARDE	分数表示・小数表示の変換	181
	DOLLARFR		
減価償却	DB	減価償却費を旧定率法で求める	182
	DDB	定率法で減価償却を算出する	182
	VDB	償却保証額を境に定額法に切り替えて減価償却費を算出する	182
	SLN	減価償却費を定額法で求める	183
	SYD	減価償却費を算術級数法で求める	183
	AMORDEGRC	各会計期における減価償却費を算出する	183
	AMORLINC		
証券	DURATION	定期的に利子が支払われる証券の年間のマコーレー係数を算出する	184
	MDURATION	証券に対する修正マコーレー係数を算出する	184
	PDURATION	目標価値になるまでの投資期間を算出する	184
	RECEIVED	割引債の償還価格を算出する	185
	INTRATE	全額投資された証券の利率を算出する	185
	YIELDDISC	割引債の年利回りを算出する	185
	DISC	割引債の割引率を算出する	186
	PRICEDISC	割引債の額面100に対する価格を算出する	186
	YIELD	定期利付債の利回りを求める	187
	YIELDMAT	満期利付債の利回りを求める	187
	PRICE	定期利付債の時価を求める	188
	PRICEMAT	満期利付債の時価を求める	188
	ACCRINT	定期利付債の経過利息を求める	189
	ACCRINTM	満期利付債の利息を求める	190
	ODDFPRICE	最初の利払期間が半端な利付債の現在価格を算出する	191
	ODDLPRICE	最後の利払期間が半端な利付債の現在価格を算出する	191
	ODDFYIELD	最初の利払期間が半端な利付債の利回りを算出する	192
	ODDLYIELD	最後の利払期間が半端な利付債の利回りを算出する	192

かんたんmini
Ｅｘｃｅｌ
全関数事典

目次

利子債	COUPDAYBS	前回の利払日から受渡日までの日数を算出する	193
	COUPDAYS	債券の利払期間を算出する	193
	COUPPCD	前回の利払日を算出する	193
	COUPNCD	次回の利払日を算出する	194
	COUPDAYSNC	受渡日から次の利払日までの日数を算出する	194
	COUPNUM	受渡日と満期日の間に利息が支払われる回数を算出する	194
	TBILLPRICE	米国財務省短期証券の額面$100当たりの価格を算出する	196
	TBILLYIELD	米国財務省短期証券の利回りを算出する	196
	TBILLEQ	米国財務省短期証券の債券に相当する利回りを算出する	196

第5章　論理　197

論理	IF	条件で分岐して異なる計算結果を返す	198
	AND	複数の条件をすべて満たすかどうかを調べる	199
	OR	複数の条件のいずれか1つを満たすかどうかを調べる	199
	XOR	複数の条件で奇数の数を満たすかどうかを調べる	200
	NOT	［TRUE］のとき［FALSE］、［FALSE］のとき［TRUE］を返す	200
	IFERROR	対象がエラーの場合に指定した値を返す	202
	IFNA	結果がエラー値［#N/A］の場合は指定した値を返す	203
	TRUE	必ず［TRUE］を返す	204
	FALSE	必ず［FALSE］を返す	204

第6章　情報　205

IS関数	ISTEXT	対象が文字列の場合［TRUE］を返す	206
	ISNONTEXT	対象が文字列ではない場合［TRUE］を返す	206

分類	関数	説明	ページ
(IS関数)	ISNUMBER	対象が数値の場合[TRUE]を返す	207
	ISEVEN	対象が偶数の場合[TRUE]を返す	208
	ISODD	対象が奇数の場合[TRUE]を返す	208
	ISLOGICAL	対象が論理値の場合[TRUE]を返す	209
	ISBLANK	対象が空白セルの場合[TRUE]を返す	209
	ISFORMULA	セルに数式が含まれている場合[TRUE]を返す	210
	ISREF	対象がセル参照の場合[TRUE]を返す	211
エラー・データ型	ISERROR	対象がエラー値の場合[TRUE]を返す	211
	ISNA	対象がエラー値[#N/A]の場合[TRUE]を返す	212
	ISERR	対象がエラー値[#N/A]以外の場合[TRUE]を返す	213
	NA	つねにエラー値[#N/A]を返す	213
	ERROR.TYPE	エラーのタイプを表す数値を表示する	214
	TYPE	データ型を表す数値を表示する	214
情報抽出	N	数値または型に対応する数値を返す	215
	INFO	Excelの動作環境に関する情報を得る	216
	SHEET	シートが何枚目かを返す	217
	SHEETS	シートの数を返す	217
	CELL	セルの書式・位置・内容に関する情報を得る	218

第7章 検索／行列　221

分類	関数	説明	ページ
データ検索	VLOOKUP	縦方向の表からデータを検索して抽出する	222
	HLOOKUP	横方向の表からデータを検索して抽出する	223
	LOOKUP（ベクトル形式）	1行/1列のセル範囲でセルを検索し対応するセルの値を返す	224
	LOOKUP（配列形式）	縦横を指定しないでセルを検索し対応するセルの値を返す	225
	CHOOSE	引数リストの何番目かの値を取り出す	226
	INDEX	セル範囲から縦横座標で値を抽出する	227

目次

相対位置	MATCH	値を検索しその相対位置を求める	228
	OFFSET	基準のセルからの相対位置を指定する	229
セル参照	ROW	セルの行番号や列番号を求める	230
	COLUMN		
	ROWS	セル範囲の行数/列数を求める	231
	COLUMNS		
	ADDRESS	行番号/列番号をセル参照に変換する	231
	INDIRECT	文字列で参照されるセルの値を求める	232
	AREAS	範囲/名前に含まれる領域の数を求める	233
行列変換	TRANSPOSE	縦横を交換した表をつくる	234
リンク	HYPERLINK	他のドキュメントへのリンクを作成する	235
ピボットテーブル	GETPIVOTDATA	ピボットテーブル内の値を抽出する	235
データ抽出	FORMULATEXT	数式を文字列にして返す	236
	RTD	RTDサーバーからデータを取得する	236

第8章 データベース 237

合計	DSUM	条件を満たすレコードの合計を返す	238
平均値	DAVERAGE	条件を満たすレコードの平均値を返す	240
積	DPRODUCT	条件を満たすレコードの積を返す	240
最大・最小	DMAX	条件を満たすレコードの最大値を返す	241
	DMIN	条件を満たすレコードの最小値を返す	241
分散	DVARP	条件を満たすレコードの標本分散を返す	242
	DVAR	条件を満たすレコードの不偏分散を返す	242
標準偏差	DSTDEVP	条件を満たすレコードの標準偏差を返す	243
	DSTDEV	条件を満たすレコードの標準偏差推定値を返す	243
個数	DCOUNT	条件を満たすレコードの数値の個数を返す	244
	DCOUNTA	条件を満たすレコードの空白以外のセルの個数を返す	245
値抽出	DGET	データベースから1つの値を抽出する	246

目次

第9章 文字列 247

分類	関数	説明	ページ
文字列結合	CONCATENATE	複数の文字列を結合する	248
文字列長	LEN / LENB	文字列の文字数/バイト数を返す	249
文字列抽出	LEFT / LEFTB	文字列の左端から文字を取り出す	250
	RIGHT / RIGHTB	文字列の右端から文字を取り出す	251
	MID / MIDB	文字列の任意の位置から文字を取り出す	252
検索・置換	FIND / FINDB	検索する文字列の位置を返す	253
	SEARCH / SEARCHB	検索する文字列の位置を返す	254
	REPLACE / REPLACEB	指定した文字数の文字列を置換する	254
	SUBSTITUTE	指定した文字列を置換する	255
数値・文字列	TEXT	数値を書式設定した文字列に変換する	255
	FIXED	数値を四捨五入しカンマを使った文字列に変換する	256
	DOLLAR / YEN / BAHTTEXT	数値を四捨五入通貨記号を付けた文字列に変換する	257
	NUMBERSTRING	数値を漢数字に変換する	258
	T	文字列を抽出する	258
	ASC	文字列を半角に変換する	259
	JIS	文字列を全角に変換する	259
	VALUE	文字列を数値に変換する	260
	PHONETIC	設定されているふりがなを取り出す	260
大文字・小文字	UPPER / LOWER	英字を大文字/小文字に変換する	260
	PROPER	英単語の先頭文字を大文字、以降を小文字に変換する	261

かんたん mini
Ｅｘｃｅｌ
全関数事典

目次

文字コード	CHAR	文字コードを文字に変換する	261
	CODE	文字を文字コードに変換する	262
	UNICHAR	指定される数値より参照されるUnicode文字を返す	262
	UNICODE	文字列の最初の文字のUnicode番号を返す	263
国際化	NUMBERVALUE	特定の地域に依存しない方法で文字列を数値に変換する	263
比較	EXACT	2つの文字列が等しいかを比較する	264
文字削除	CLEAN	文字列から印刷できない文字を削除する	265
	TRIM	不要なスペースを削除する	265
文字グラフ	REPT	文字列を指定回数だけ繰り返して表示する	266

第10章 エンジニアリング 267

ビット演算	BITAND	論理積を求める(ビット演算)	268
	BITOR	論理和を求める(ビット演算)	268
	BITXOR	排他的論理和を求める(ビット演算)	269
	BITLSHIFT	ビットを左シフトする	269
	BITRSHIFT	ビットを右シフトする	270
基数変換	DEC2BIN	10進数を2進数に変換する	270
	DEC2HEX	10進数を16進数に変換する	271
	DEC2OCT	10進数を8進数に変換する	271
	BIN2DEC	2進数を10進数に変換する	272
	BIN2HEX	2進数を16進数に変換する	273
	BIN2OCT	2進数を8進数に変換する	273
	HEX2DEC	16進数を10進数に変換する	274
	HEX2BIN	16進数を2進数に変換する	274
	HEX2OCT	16進数を8進数に変換する	275
	OCT2BIN	8進数を2進数に変換する	275
	OCT2DEC	8進数を10進数に変換する	276
	OCT2HEX	8進数を16進数に変換する	276
単位変換	CONVERT	数値の単位を変換する	277

目次

比較	DELTA	2つの数値が等しいかどうか調べる	279
	GESTEP	数値がしきい値より小さくないかを調べる	279
複素数	COMPLEX	実数/虚数を指定して複素数に変換する	281
	IMREAL	複素数の実数部を返す	281
	IMAGINARY	複素数の虚数部を返す	281
	IMCONJUGATE	複素数の複素共役を返す	282
	IMABS	複素数の絶対値を返す	282
	IMARGUMENT	複素数の偏角を返す	282
	IMSUM	複素数の和を返す	283
	IMSUB	2つの複素数の差を返す	283
	IMPRODUCT	複素数の積を返す	283
	IMDIV	2つの複素数の商を返す	284
	IMPOWER	複素数のべき乗を返す	284
	IMSQRT	複素数の平方根を返す	285
	IMSIN	複素数のサイン(正弦)を返す	285
	IMCOS	複素数のコサイン(余弦)を返す	286
	IMTAN	複素数のタンジェント(正接)を返す	286
	IMSEC	複素数のセカント(正割)を返す	286
	IMCSC	複素数のコセカント(余割)を返す	287
	IMCOT	複素数のコタンジェント(余接)を求める	287
	IMSINH	複素数の双曲線正弦を求める	287
	IMCOSH	複素数の双曲線余弦を求める	288
	IMSECH	複素数の双曲線正割を求める	288
	IMCSCH	複素数の双曲線余割を求める	289
	IMEXP	複素数の指数関数を返す	289
	IMLN	複素数の自然対数を返す	290
	IMLOG10	複素数の常用対数を返す	290
	IMLOG2	複素数の2を底とする対数を返す	290
誤差積分	ERF	誤差関数の積分値を返す	291
	ERF.PRECISE		
	ERFC(ERFC.PRECISE)	相補誤差関数の積分値を返す	291

目次

ベッセル関数	BESSELJ	ベッセル関数Jn(x)を計算する	293
	BESSELY	ベッセル関数Yn(x)を計算する	293
	BESSELI	変形ベッセル関数In(x)を計算する	295
	BESSELK	変形ベッセル関数Kn(x)を計算する	295

第11章 キューブ・Web 297

キューブ	CUBESET	キューブからセットを返す	298
	CUBESETCOUNT	キューブセットにある項目数を返す	298
	CUBEVALUE	キューブから指定したセットの集計値を返す	299
	CUBEMEMBER	キューブからメンバーまたは組を返す	299
	CUBEMEMBERPROPERTY	キューブからメンバーのプロパティの値を返す	300
	CUBERANKEDMEMBER	キューブで指定したランクのメンバーを返す	301
	CUBEKPIMEMBER	主要業績評価指標(KPI)を返す	301
Web	ENCODEURL	URL形式でエンコードされた文字列を返す	302
	FILTERXML	Webサービスからのデータを返す	302
	WEBSERVICE	XML形式のデータから必要な情報だけを取り出す	302

Appendix 303

Appendix 1	演算子の種類とセル参照	303
Appendix 2	表示形式と書式記号	305
Appendix 3	配列数式と配列定数	309
Appendix 4	Excelのバージョンごとの関数機能	311
Appendix 5	最新関数	313

索引 314

関数索引

A
- ABS ······ 68
- ACCRINT ······ 189
- ACCRINTM ······ 190
- ACOS ······ 74
- ACOSH ······ 79
- ACOT ······ 76
- ACOTH ······ 79
- ADDRESS ······ 231
- AGGREGATE ······ 53
- AMORDEGRC ······ 183
- AMORLINC ······ 183
- AND ······ 199
- ARABIC ······ 66
- AREAS ······ 233
- ASC ······ 259
- ASIN ······ 74
- ASINH ······ 78
- ATAN ······ 74
- ATAN2 ······ 74
- ATANH ······ 79
- AVEDEV ······ 106
- AVERAGE ······ 84
- AVERAGEA ······ 84
- AVERAGEIF ······ 86
- AVERAGEIFS ······ 87

B
- BAHTTEXT ······ 257
- BASE ······ 65
- BESSELI ······ 295
- BESSELJ ······ 293
- BESSELK ······ 295
- BESSELY ······ 293
- BETA.DIST ······ 122
- BETA.INV ······ 122
- BETADIST ······ 122
- BETAINV ······ 122
- BIN2DEC ······ 272
- BIN2HEX ······ 273
- BIN2OCT ······ 273
- BINOM.DIST ······ 110
- BINOM.DIST.RANGE ······ 110
- BINOM.INV ······ 112
- BINOMDIST ······ 110
- BITAND ······ 268
- BITLSHIFT ······ 269
- BITOR ······ 268
- BITRSHIFT ······ 270
- BITXOR ······ 269

C
- CEILING ······ 57
- CEILING.MATH ······ 57
- CEILING.PRECISE ······ 57
- CELL ······ 218
- CHAR ······ 261
- CHIDIST ······ 134
- CHIINV ······ 135
- CHISQ.DIST ······ 135
- CHISQ.DIST.RT ······ 134
- CHISQ.INV ······ 136
- CHISQ.INV.RT ······ 135
- CHISQ.TEST ······ 136
- CHITEST ······ 136
- CHOOSE ······ 226
- CLEAN ······ 265
- CODE ······ 262
- COLUMN ······ 230
- COLUMNS ······ 231
- COMBIN ······ 63
- COMBINA ······ 63
- COMPLEX ······ 281
- CONCAT ······ 313
- CONCATENATE ······ 248
- CONFIDENCE ······ 126
- CONFIDENCE.NORM ······ 126
- CONFIDENCE.T ······ 126
- CONVERT ······ 277
- CORREL ······ 139
- COS ······ 72
- COSH ······ 76
- COT ······ 73
- COTH ······ 78
- COUNT ······ 94
- COUNTA ······ 94
- COUNTBLANK ······ 98

関数索引

COUNTIF	95
COUNTIFS	96
COUPDAYBS	193
COUPDAYS	193
COUPDAYSNC	194
COUPNCD	194
COUPNUM	194
COUPPCD	193
COVAR	138
COVARIANCE.P	138
COVARIANCE.S	138
CRITBINOM	112
CSC	73
CSCH	77
CUBEKPIMEMBER	301
CUBEMEMBER	299
CUBEMEMBERPROPERTY	300
CUBERANKEDMEMBER	301
CUBESET	298
CUBESETCOUNT	298
CUBEVALUE	299
CUMIPMT	171
CUMPRINC	171
D DATE	151
DATEDIF	164
DATESTRING	153
DATEVALUE	151
DAVERAGE	240
DAY	155
DAYS	165
DAYS360	166
DB	182
DCOUNT	244
DCOUNTA	245
DDB	182
DEC2BIN	270
DEC2HEX	271
DEC2OCT	271
DECIMAL	65
DEGREES	67
DELTA	279
DEVSQ	106
DGET	246
DISC	186
DMAX	241
DMIN	241
DOLLAR	257
DOLLARDE	181
DOLLARFR	181
DPRODUCT	240
DSTDEV	243
DSTDEVP	243
DSUM	238
DURATION	184
DVAR	242
DVARP	242
E EDATE	160
EFFECT	180
ENCODEURL	302
EOMONTH	160
ERF	291
ERF.PRECISE	291
ERFC	291
ERROR.TYPE	214
EVEN	59
EXACT	264
EXP	70
EXPON.DIST	121
EXPONDIST	121
F F.DIST	133
F.DIST.RT	131
F.INV	133
F.INV.RT	132
F.TEST	134
FACT	62
FACTDOUBLE	62
FALSE	204
FDIST	131
FILTERXML	302
FIND	253

関数索引

FINDB	253
FINV	132
FISHER	140
FISHERINV	140
FIXED	256
FLOOR	58
FLOOR.MATH	58
FLOOR.PRECISE	58
FORECAST	143
FORECAST.ETS	143
FORECAST.ETS.CONFINT	144
FORECAST.ETS.SEASONALITY	144
FORECAST.ETS.STAT	145
FORECAST.LINEAR	143
FORMULATEXT	236
FREQUENCY	99
FTEST	134
FV	174
FVSCHEDULE	177
G GAMMA	123
GAMMA.DIST	124
GAMMA.INV	125
GAMMADIST	124
GAMMAINV	125
GAMMALN	125
GAMMALN.PRECISE	125
GAUSS	118
GCD	61
GEOMEAN	88
GESTEP	279
GETPIVOTDATA	235
GROWTH	146
H HARMEAN	89
HEX2BIN	274
HEX2DEC	274
HEX2OCT	275
HLOOKUP	223
HOUR	155
HYPERLINK	235
HYPGEOM.DIST	114
HYPGEOMDIST	114
I IF	198
IFERROR	202
IFNA	203
IFS	313
IMABS	282
IMAGINARY	281
IMARGUMENT	282
IMCONJUGATE	282
IMCOS	286
IMCOSH	288
IMCOT	287
IMCSC	287
IMCSCH	289
IMDIV	284
IMEXP	289
IMLN	290
IMLOG10	290
IMLOG2	290
IMPOWER	284
IMPRODUCT	283
IMREAL	281
IMSEC	286
IMSECH	288
IMSIN	285
IMSINH	287
IMSQRT	285
IMSUB	283
IMSUM	283
IMTAN	286
INDEX	227
INDIRECT	232
INFO	216
INT	54
INTERCEPT	142
INTRATE	185
IPMT	170
IRR	178
ISBLANK	209
ISERR	213

関数索引

ISERROR … 211	MIDB … 252
ISEVEN … 208	MIN … 90
ISFORMULA … 210	MINA … 90
ISLOGICAL … 209	MINIFS … 313
ISNA … 212	MINUTE … 156
ISNONTEXT … 206	MINVERSE … 81
ISNUMBER … 207	MIRR … 179
ISO.CEILING … 57	MMULT … 81
ISODD … 208	MOD … 60
ISOWEEKNUM … 159	MODE … 92
ISPMT … 173	MODE.MULT … 93
ISREF … 211	MODE.SNGL … 92
ISTEXT … 206	MONTH … 154
J JIS … 259	MROUND … 59
K KURT … 108	MULTINOMIAL … 64
L LARGE … 101	MUNIT … 80
LCM … 61	**N** N … 215
LEFT … 250	NA … 213
LEFTB … 250	NEGBINOM.DIST … 113
LEN … 249	NEGBINOMDIST … 113
LENB … 249	NETWORKDAYS … 162
LINEST … 141	NETWORKDAYS.INTL … 164
LN … 70	NOMINAL … 180
LOG … 71	NORM.DIST … 116
LOG10 … 71	NORM.INV … 119
LOGEST … 146	NORM.S.DIST … 117
LOGINV … 120	NORM.S.INV … 118
LOGNORM.DIST … 120	NORMDIST … 116
LOGNORM.INV … 120	NORMINV … 119
LOGNORMDIST … 120	NORMSDIST … 117
LOOKUP ベクトル形式 … 224	NORMSINV … 118
LOOKUP 配列形式 … 225	NOT … 200
LOWER … 260	NOW … 150
M MATCH … 228	NPER … 173
MAX … 90	NPV … 176
MAXA … 90	NUMBERSTRING … 258
MAXIFS … 313	NUMBERVALUE … 263
MDETERM … 81	**O** OCT2BIN … 275
MDURATION … 184	OCT2DEC … 276
MEDIAN … 92	OCT2HEX … 276
MID … 252	ODD … 59

関数索引

ODDFPRICE ········· 191	RATE ················· 172
ODDFYIELD ········· 192	RECEIVED ············ 185
ODDLPRICE ········· 191	REPLACE ·············· 254
ODDLYIELD ········· 192	REPLACEB ············ 254
OFFSET ··············· 229	REPT ·················· 266
OR ····················· 199	RIGHT ················· 251
P PDURATION ········ 184	RIGHTB ················ 251
PEARSON ············ 137	ROMAN ················ 66
PERCENTILE ········· 103	ROUND ················ 55
PERCENTILE.EXC ···· 103	ROUNDDOWN ········ 56
PERCENTILE.INC ···· 103	ROUNDUP ············ 56
PERCENTRANK ····· 103	ROW ·················· 230
PERCENTRANK.EXC 103	ROWS ·················· 231
PERCENTRANK.INC 103	RRI ···················· 175
PERMUT ·············· 108	RSQ ··················· 137
PERMUTATIONA ···· 109	RTD ··················· 236
PHI ····················· 111	**S** SEARCH ············· 254
PHONETIC ··········· 260	SEARCHB ············· 254
PI ······················ 69	SEC ··················· 73
PMT ··················· 168	SECH ·················· 77
POISSON ·············· 115	SECOND ·············· 156
POISSON.DIST ······· 115	SERIESSUM ·········· 64
POWER ················ 71	SHEET ················· 217
PPMT ·················· 170	SHEETS ················ 217
PRICE ·················· 188	SIGN ··················· 68
PRICEDISC ··········· 186	SIN ···················· 72
PRICEMAT ············ 188	SINH ··················· 76
PROB ·················· 109	SKEW ················· 107
PRODUCT ············ 50	SKEW.P ··············· 107
PROPER ··············· 261	SLN ···················· 183
PV ····················· 174	SLOPE ················· 142
Q QUARTILE ············ 102	SMALL ················ 101
QUARTILE.EXC ····· 102	SQRT ·················· 69
QUARTILE.INC ····· 102	SQRTPI ················ 69
QUOTIENT ··········· 60	STANDARDIZE ······ 119
R RADIANS ············· 67	STDEV ················ 105
RAND ·················· 82	STDEV.P ·············· 105
RANDBETWEEN ····· 82	STDEV.S ·············· 105
RANK ·················· 100	STDEVA ··············· 105
RANK.AVG ············ 100	STDEVP ··············· 105
RANK.EQ ············· 100	STDEVPA ············· 105

関数索引

- STEYX ... 145
- SUBSTITUTE ... 255
- SUBTOTAL ... 52
- SUM ... 46
- SUMIF ... 47
- SUMIFS ... 48
- SUMPRODUCT ... 50
- SUMSQ ... 51
- SUMX2MY2 ... 51
- SUMX2PY2 ... 51
- SUMXMY2 ... 51
- SWITCH ... 313
- SYD ... 183

T
- T ... 258
- T.DIST ... 128
- T.DIST.2T ... 127
- T.DIST.RT ... 127
- T.INV ... 129
- T.INV.2T ... 128
- T.TEST ... 130
- TAN ... 72
- TANH ... 77
- TBILLEQ ... 196
- TBILLPRICE ... 196
- TBILLYIELD ... 196
- TDIST ... 127
- TEXT ... 255
- TEXTJOIN ... 313
- TIME ... 152
- TIMEVALUE ... 152
- TINV ... 128
- TODAY ... 150
- TRANSPOSE ... 234
- TREND ... 141
- TRIM ... 265
- TRIMMEAN ... 89
- TRUE ... 204
- TRUNC ... 55
- TTEST ... 130
- TYPE ... 214

U
- UNICHAR ... 262
- UNICODE ... 263
- UPPER ... 260

V
- VALUE ... 260
- VAR ... 104
- VAR.P ... 104
- VAR.S ... 104
- VARA ... 104
- VARP ... 104
- VARPA ... 104
- VDB ... 182
- VLOOKUP ... 222

W
- WEBSERVICE ... 302
- WEEKDAY ... 157
- WEEKNUM ... 158
- WEIBULL ... 124
- WEIBULL.DIST ... 124
- WORKDAY ... 161
- WORKDAY.INTL ... 163

X
- XIRR ... 179
- XNPV ... 178
- XOR ... 200

Y
- YEAR ... 154
- YEARFRAC ... 166
- YEN ... 257
- YIELD ... 187
- YIELDDISC ... 185
- YIELDMAT ... 187

Z
- Z.TEST ... 131
- ZTEST ... 131

用例索引

この索引は、関数の用途や使用する目的に合わせて関数を探すことができるように、用例を五十音順で並べています。

数字
- 10進数を16進数に変換する ································· 271
- 10進数を2進数に変換する ································· 270
- 10進数を8進数に変換する ································· 271
- 10進数表記をn進数表記に変換する ························· 65
- 10を底とする対数を求める ································· 71
- 16進数を10進数に変換する ································ 274
- 16進数を2進数に変換する ································· 274
- 16進数を8進数に変換する ································· 275
- 1つの関数で11種類の小計を求める ························ 52
- 1つの関数で19種類の集計を行う ·························· 53
- 1変数の近似直線の傾きと切片を算出する ················· 142
- 1変数の近似直線の標準誤差を算出する ··················· 145
- 1変数の近似直線の予測値を算出する ····················· 143
- 2進数を8進数に変換する ·································· 273
- 2進数を10進数に変換する ································· 272
- 2進数を16進数に変換する ································· 273
- 8進数を10進数に変換する ································· 276
- 8進数を16進数に変換する ································· 276
- 8進数を2進数に変換する ·································· 275

英字
- Excelの動作環境に関する情報を得る ······················ 216
- [FALSE]を返す ··· 204
- F検定の両側確率を求める ································· 134
- F分布の上側確率から確率変数を求める ··················· 132
- F分布の上側確率を求める ································· 131

用例索引

F分布の確率を求める ……………………………………… 133
F分布の下側確率から確率変数を求める ………………… 133
ISO週番号を求める ……………………………………… 159
n進数を10進数に変換する ……………………………… 65
RTDサーバーからデータを取得する …………………… 236
[TRUE]のとき[FALSE]、[FALSE]のとき[TRUE]を返す …… 200
[TRUE]を返す …………………………………………… 204
t検定の確率を求める …………………………………… 130
t分布の上側、または、両側確率を求める ……………… 127
t分布の確率変数を求める ……………………… 128, 129
t分布の確率を求める …………………………………… 128
Unicode番号を調べる …………………………………… 263
Unicode文字を返す ……………………………………… 262
URL形式でエンコードされた文字列を返す ……………… 302
Webサービスからのデータを返す ……………………… 302
XML形式のデータから情報を取り出す ………………… 302
z検定用の上側確率を求める …………………………… 131

あ アークコタンジェント(逆余接)を求める ……………… 76
アークサイン(逆正弦)を求める ………………………… 74
アークタンジェント(逆正接)を求める ………………… 74
アラビア数字をローマ数字に変換する ………………… 66
印刷できない文字を削除する …………………………… 265
受渡日から次の利払日までの日数を算出する ………… 194
受渡日と満期日の間に利息が支払われる回数を算出する … 194
英字を大文字/小文字に変換する ……………………… 260
英単語の先頭文字を大文字、以降を小文字に変換する … 261
エラー値[#N/A]以外の場合[TRUE]を返す ……………… 213

| 用例索引 |

エラー値 [#N/A] の場合 [TRUE] を返す ····················· 212
エラー値 [#N/A] の場合は指定した値を返す ················ 203
エラー値 [#N/A] を返す ···································· 213
エラー値の場合 [TRUE] を返す ······························ 211
エラーのタイプを表す数値を表示する ······················ 214
エラーの場合に指定した値を返す ··························· 202
円周率 π の数値を求める ···································· 69

か 階乗を求める ·· 62
カイ二乗検定の上側確率を求める ··························· 136
カイ二乗分布の上側確率から確率変数を求める ············ 135
カイ二乗分布の上側確率を求める ··························· 134
カイ二乗分布の確率を求める ······························· 135
カイ二乗分布の下側確率から確率変数を求める ············ 136
角度の正割を求める ··· 73
角度の余割を求める ··· 73
角度の余接を求める ··· 73
確率変数が指定範囲に収まる確率を求める ················· 109
片側信頼区間の幅を求める ·································· 126
稼働日数後の日付を計算する ······························· 161
稼働日数後の日付を求める ·································· 163
漢数字に変換する ··258
ガンマ関数の値の自然対数を算出する ······················ 125
ガンマ関数の値を算出する ·································· 123
ガンマ分布関数の値を算出する ····························· 124
ガンマ累積分布関数の逆関数の値を算出する ··············· 125
元利均等返済の場合の元金返済金額を求める ·········· 170, 171
元利均等返済の場合の返済金額を求める ···················· 168

用例索引

奇数の場合 [TRUE] を返す ･････････････････････････････ 208
逆行列を求める ･･ 81
逆余接を求める ･･ 76
キューブからセットを返す ･･･････････････････････････････ 298
キューブからメンバーのプロパティの値を返す ･･･････････ 300
キューブからメンバーまたは組を返す ･･･････････････････ 299
キューブセットにある項目数を返す ･････････････････････ 298
キューブで指定したランクのメンバーを返す ･･････････････ 301
キューブの集計値を返す ････････････････････････････････ 299
行数/列数を求める ･････････････････････････････････････ 231
行番号/列番号をセル参照に変換する ･･･････････････････ 231
行番号や列番号を求める ･･･････････････････････････････ 230
共分散を求める ･･･ 138
行列式を求める ･･･ 81
行列の積を求める ･･･････････････････････････････････････ 81
切り上げる ･･･････････････････････････････････････ 56, 57, 59
切り下げる ･･ 54
切り捨てる ･･･････････････････････････････････････ 55, 56, 58
金利累計を求める ･････････････････････････････････････ 171
偶数の場合 [TRUE] を返す ･････････････････････････････ 208
空白セルの場合 [TRUE] を返す ････････････････････････ 209
空白のセルの個数を求める ･･････････････････････････････ 98
組み合わせの数を求める ････････････････････････････････ 63
減価償却費を旧定率法で求める ･････････････････････････ 182
減価償却費を算出する ････････････････････････････ 182, 183
現在価値を求める ･･････････････････････････････････････ 174
検索条件を満たすデータ数を求める ･･････････････････ 95, 96

用例索引

検索する文字列の位置を返す	253, 254
コサイン（余弦）を求める	72
誤差関数の積分値を返す	291
個数を求める	94, 95

さ
- 最後の利払期間が半端な利付債の現在価格を算出する ······ 191
- 最後の利払期間が半端な利付債の利回りを算出する ········ 192
- 最小値を求める ······ 90
- 最初の利払期間が半端な利付債の現在価格を算出する ······ 191
- 最初の利払期間が半端な利付債の利回りを算出する ········ 192
- 最大公約数や最小公倍数を求める ······ 61
- 最大値を求める ······ 90
- 最頻値（モード）を求める ······ 92, 93
- サイン（正弦）を求める ······ 72
- シートが何枚目かを調べる ······ 217
- シートの数を調べる ······ 217
- 時系列の季節パターンの長さを返す ······ 144
- 時系列予測から統計情報を求める ······ 145
- 時刻を表す文字列をシリアル値に変換する ······ 152
- 時刻を表示する ······ 152
- 四捨五入する ······ 55, 59
- 指数関数を返す ······ 289
- 指数関数を利用する ······ 70
- 指数分布の確率分布を求める ······ 121
- 自然対数を求める ······ 70, 290
- 実効年利率を求める ······ 180
- 実数/虚数を指定して複素数に変換する ······ 281
- 指定した順位の数値を求める ······ 101

用例索引

指定する数を底とする対数を求める	71
支払回数を求める	173
四分位数を求める	102
主要業績評価指標（KPI）を返す	301
順列を求める	108
条件で分岐して異なる計算結果を返す	198
条件を付けて数値を合計する	47
小数表示に変換する	181
正味現在価値を求める	176, 178
常用対数を返す	290
将来価値から利率を求める	175
将来価値を求める	174, 177
シリアル値から時を求める	155
シリアル値から月を求める	154
シリアル値から年を求める	154
シリアル値から秒を求める	156
シリアル値から日を求める	155
シリアル値から分を求める	156
シリアル値から曜日を求める	157
数式を文字列にして返す	236
数値がしきい値より小さくないかを調べる	279
数値が等しいかどうか調べる	279
数値の2乗の合計を求める	51
数値の2乗を計算する	51
数値の位置を百分率で求める	103
数値の組を掛けて合計する	50
数値の合計を求める	46-51

用例索引

- 数値の順位を求める ······ 100
- 数値の場合 [TRUE] を返す ······ 207
- 数値または型に対応する数値を返す ······ 215
- 数値を四捨五入しカンマを使った文字列に変換する ······ 256
- 数値を四捨五入し通貨記号を付けた文字列に変換する ······ 257
- 数値を書式設定した文字列に変換する ······ 255
- 複素数の複素共役を返す ······ 282
- スペースを削除する ······ 265
- 正規分布の確率を求める ······ 116
- 正規分布の累積分布関数の逆関数値を求める ······ 119
- 整数に切り下げる ······ 54
- 西暦の日付を和暦の日付に変換する ······ 153
- 絶対値を求める ······ 68
- セルからの相対位置を指定する ······ 229
- セル参照の場合 [TRUE] を返す ······ 211
- セルの書式・位置・内容に関する情報を得る ······ 218
- セルに数式が含まれている場合 [TRUE] を返す ······ 210
- セル範囲から縦横座標で値を抽出する ······ 227
- セルを検索し対応するセルの値を返す ······ 224, 225
- 全角に変換する ······ 259
- 相関係数を求める ······ 139
- 双曲線逆正弦を求める ······ 78, 79
- 双曲線逆余弦を求める ······ 79
- 双曲線正割を求める ······ 77, 288
- 双曲線正弦を求める ······ 76, 287
- 双曲線正接を求める ······ 77
- 双曲線余割を求める ······ 77, 289

用例索引

双曲線余弦を求める	76, 288
双曲線余接を求める	78
相対位置を求める	228
相補誤差関数の積分値を返す	291
対数正規分布の密度関数を求める	120
対数正規分布の累積分布関数の逆関数値を求める	120
多項係数を求める	64
縦横を交換した表をつくる	234
単位行列を求める	80
単位を変換する	277
タンジェント(正接)を求める	72
中央値(メジアン)を求める	92
超幾何分布の確率を計算する	114
重複組み合わせの数を求める	63
重複順列を求める	109
月数後の月末日付を計算する	160
月数後の日付を計算する	160
定期利付債の経過利息を求める	189
定期利付債の時価を求める	188
定期利付債の利回りを求める	187
定率法で減価償却を算出する	182
データ型を表す数値を表示する	214
データベースから1つの値を抽出する	246
データを検索して抽出する	222, 223
投資期間を算出する	184
度数分布を求める	99
度をラジアンに変換する	67

用例索引

な 内部利益率を求める ……………………………………… 178
内部利益率（修正内部利益率）を求める ………………… 179
二項分布確率が目標値以上になる最小の成功回数を求める … 112
二項分布の確率を計算する ………………………… 110, 113
二重階乗を求める ………………………………………… 62

は 排他的論理和を求める（ビット演算）…………………… 269
範囲/名前に含まれる領域の数を求める ………………… 233
半角に変換する …………………………………………… 259
ピアソンの積率相関係数と決定係数を求める ………… 137
引数リストの何番目かの値を取り出す ………………… 226
日付から期間内の日数を求める ………………………… 165
日付と時刻を表示する …………………………………… 150
日付の間の稼働日数を求める ……………………… 162, 164
日付の間の期間を年数で求める ………………………… 166
日付の間の日数を求める ………………………………… 166
日付の間の年/月/日数を求める ………………………… 164
日付の週の番号を求める ………………………………… 158
日付を表す文字列をシリアル値に変換する …………… 151
日付を表示する ……………………………………… 150, 151
ビットをシフトする ………………………………… 269, 270
ピボットテーブル内の値を抽出する…………………… 235
百分位数を求める ………………………………………… 103
標準正規分布で平均から累積確率を求める …………… 118
標準正規分布に変換する標準化変量を求める ………… 119
標準正規分布の確率を求める ……………………… 111, 117
標準正規分布の累積分布関数の逆関数値を求める …… 118
標準偏差を求める ………………………………………… 105

39

用例索引

- フィッシャー変換の逆関数の値を算出する ... 140
- フィッシャー変換の値を算出する ... 140
- 複数の一次独立変数の回帰直線の係数を算出する ... 141
- 複数の一次独立変数の回帰直線の予測値を算出する ... 141
- 複数の条件で奇数の数を満たすかどうかを調べる ... 200
- 複数の条件のいずれか1つを満たすかどうかを調べる ... 199
- 複数の条件をすべて満たすかどうかを調べる ... 199
- 複数の条件を付けて数値を合計する ... 48
- 複数の数値を掛け合わせる ... 50
- 複数の独立変数の回帰指数曲線の係数を算出する ... 146
- 複数の独立変数の回帰指数曲線の予測値を算出する ... 146
- 複素数の2を底とする対数を返す ... 290
- 複素数の虚数部を返す ... 281
- 複素数のコサインを返す ... 286
- 複素数のサインを返す ... 285
- 複素数の差を返す ... 283
- 複素数の実数部を返す ... 281
- 複素数の商を返す ... 284
- 複素数の正割を返す ... 286
- 複素数の正接を返す ... 286
- 複素数の積を返す ... 283
- 複素数の絶対値を返す ... 282
- 複素数の平方根を返す ... 285
- 複素数のべき乗を返す ... 284
- 複素数の偏角を返す ... 282
- 複素数の余割を返す ... 287
- 複素数の和を返す ... 283

用例索引

符号を求める … 68
ふりがなを取り出す … 260
分散を求める … 104
分数表示に変換する … 181
平均値を求める … 84, 86-89
平均偏差を求める … 106
米国財務省短期証券の額面$100当たりの価格を算出する … 196
米国財務省短期証券の債券に相当する利回りを算出する … 196
米国財務省短期証券の利回りを算出する … 196
平方根を求める … 69
ベータ分布の確率を求める … 122
ベータ分布の累積分布関数の逆関数値を求める … 122
べき級数近似を求める … 64
べき乗を求める … 71
ベッセル関数 Yn(x) を計算する … 293
ベッセル関数 Jn(x) を計算する … 293
変形ベッセル関数 In(x) を計算する … 295
変形ベッセル関数 Kn(x) を計算する … 295
偏差の平方和を求める … 106
ポアソン分布の確率を計算する … 115
母共分散を求める … 138

ま マコーレー係数を算出する … 184
満期利付債の時価を求める … 188
満期利付債の利息を求める … 190
満期利付債の利回りを求める … 187
名目年利率を求める … 180
文字コードを文字に変換する … 261

用例索引

文字数/バイト数を返す	249
文字列で参照されるセルの値を求める	232
文字列ではない場合 [TRUE] を返す	206
文字列の場合 [TRUE] を返す	206
文字列の左端から文字を取り出す	250
文字列の右端から文字を取り出す	251
文字列を結合する	248
文字列を指定回数だけ繰り返して表示する	266
文字列を数値に変換する	263
文字列を置換する	254, 255
文字列を抽出する	258
文字列を比較する	264
文字列の任意の位置から文字を取り出す	252
文字を文字コードに変換する	262

や 余接を求める ･･････ 287
予測値の信頼区間を求める ･･････ 144
予測値を求める ･･････ 143

ら ラジアンを度に変換する ･･････ 67
乱数を発生させる ･･････ 82
利息を求める ･･････ 170, 173
利払期間を算出する ･･････ 193
利払日から受渡日までの日数を算出する ･･････ 193
利払日を算出する ･･････ 193, 194
利率を求める ･･････ 172, 185
リンクを作成する ･･････ 235
レコードの空白以外のセルの個数を返す ･･････ 245
レコードの合計を返す ･･････ 238

レコードの最小値を返す ……………………………………241
レコードの最大値を返す ……………………………………241
レコードの数値の個数を返す…………………………………244
レコードの積を返す ……………………………………………240
レコードの標準偏差を返す …………………………………243
レコードの標準偏差推定値を返す …………………………243
レコードの標本分散を返す …………………………………242
レコードの不偏分散を返す …………………………………242
レコードの平均値を返す ……………………………………240
ローマ数字をアラビア数字に変換する ……………………… 66
論理積を求める…………………………………………………268
論理値の場合[TRUE]を返す…………………………………209
論理和を求める…………………………………………………268

わ 歪度を求める ……………………………………………………107
ワイブル分布の値を算出する…………………………………124
割り算の商や余りを返す ……………………………………… 60
割引債の額面100に対する価格を算出する ………………186
割引債の償還価格を算出する ………………………………185
割引債の年利回りを算出する…………………………………185
割引債の割引率を算出する …………………………………186

ご注意:ご購入・ご利用の前に必ずお読みください

● 本書に記載された内容は、情報の提供のみを目的としています。したがって、本書を用いた運用は、必ずお客様自身の責任と判断によって行ってください。これらの情報の運用の結果について、技術評論社はいかなる責任も負いません。

● ソフトウェアに関する記述は、特に断りのないかぎり、2016年3月現在での最新バージョンをもとにしています。ソフトウェアはバージョンアップされる場合があり、本書での説明とは機能内容や画面図などが異なってしまうこともあり得ます。あらかじめご了承ください。

● 本書は Excel 2007/2010/2013/2016(Windows版)のみを対象とし、検証はこれらのみで行っています。

● インターネットの情報については URL や画面等が変更されている可能性があります。ご注意ください。

以上の注意事項をご承諾いただいた上で、本書をご利用願います。これらの注意事項をお読みいただかずに、お問い合わせいただいても、技術評論社は対処しかねます。あらかじめ、ご承知おきください。

■本書に掲載した会社名、プログラム名、システム名などは、米国およびその他の国における登録商標または商標です。本文中では™、® マークは明記していません。

第1章

数学／三角

数学/三角 ▶ 四則計算

2007 2010 2013 2016

数値の合計を求める
SUM

書　式：SUM(数値1 [, 数値2 ...])

計算例：SUM(60 , 30 , 10)

数値 [60] [30] [10] の合計 [100] を計算する。

機能 引数として、数値やセル参照を入力します。もっともよく使われるのは、セル範囲に表示された数値の合計を求める用途です。その場合は、合計したい数値のセル範囲を引数に指定します。

(使用例) 商品の売上合計を求める

SUM 関数を入力するには、<オート SUM> Σ で入力するのが手軽です。この場合、引数も自動的に認識されるので指定の必要はありません。

SUM 関数を入力したいセルを選択し、<オート SUM> ボタン Σ をクリックすると、下表に示すように、引数の「候補」と関数書式が表示されます。

	A	B	C	D	E	F
1	商品名	商品A	商品B	商品C	合計	
2	2016年4月	12	15	30		
3	2016年5月	15	17	33		
4	2016年6月	12	12	40		
5	合計	=SUM(B2:B4)				
6		SUM(数値1, [数値2], ...)				

01

自動選択されているセル範囲が正しい場合は Enter を押すと、SUM 関数が入力されます。

自動選択されているセル範囲が正しくない場合は、上の表の状態でセル範囲を選択し直してから Enter を押します。入力した関数を右隣のセル範囲にコピーしていくと、下の表が完成します。

	A	B	C	D	E	F
1	商品名	商品A	商品B	商品C	合計	
2	2016年4月	12	15	30		
3	2016年5月	15	17	33		
4	2016年6月	12	12	40		
5	合計	39	44	103		
6						

数学/三角 ▶ 四則計算

2007 2010 2013 2016

条件を付けて数値を合計する
SUMIF

書　式：SUMIF(検索範囲 , 検索条件 [, 合計範囲])

計算例：SUMIF(商品名 , "商品A" , 売上高)

セル範囲［商品名］の［商品A］の行（または列）に対応するセル範囲［売上高］の数値を合計する。

機能 SUMIF関数を利用すると、「条件に合う数値を合計する」ことができます。SUMIF関数は、［検索範囲］に含まれるセルのうち、［検索条件］を満たすセルに対応する［合計範囲］のセルの数値を合計します。

たとえば全体の売上とは別に「商品ごと」の売上も必要な場合は、条件に「商品」を指定します。

使用例 指定した商品名の売上合計を求める

下表では、商品名のセル範囲［A2：A10］を検索して、セル［A14］の条件（商品A）を満たすもののうち、セル範囲［C2：C10］の売上データを合計して、セル［C14］に商品Aの売上を出力しています。

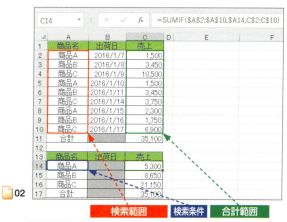

=SUMIF($A$2:$A$10,$A14,C$2:C$10)

数学/三角 ▶ 四則計算

2007 2010 2013 2016

複数の条件を付けて数値を合計する
SUMIFS

書　式：SUMIFS(合計範囲 , 検索範囲1 , 検索条件1 [, 検索範囲2 , 検索条件2 ...])

計算例：SUMIFS(売上高 , 商品名 , "商品A" , 出荷日 , "出荷日付")

セル範囲［商品名］の［商品A］の行（または列）であってかつ、セル範囲［出荷日］の［出荷日付］の行（または列）に対応するセル範囲［売上高］の数値の合計を求める。

機能 SUMIF 関数を利用すると、「**1つの条件**を付けて数値を合計する」ことができます。これに対して SUMIFS 関数は、「**複数の条件**を付けて数値を合計する」ことができます。条件は 127 個まで追加できます。

条件が 2 個の場合、SUMIFS 関数を利用すると、［検索範囲1］の中で［検索条件1］を満たすものであって、かつ、［検索範囲2］の中で［検索条件2］を満たすセルに対応する［合計範囲］のセルの数値を合計します。

このような計算を行うには、次ページ上段のように、まず複数の条件を判別した結果で 1 つのフラッグをたてておき、そのフラッグを使って SUMIF 関数で集計する方法もありますが、SUMIFS 関数を利用することで、その手間を省くことができます。

使用例 指定した出荷日と商品名の売上合計を求める

次ページ下段では、まず［B2:B10］の範囲で［B14］の条件を満たすものを検索し、その中で、次に［A2:A10］の範囲で［A14］の条件を満たすもの検索して、［C2:C10］の数値を選別して合計し、［C14］に出力しています。

● SUMIFS 関数を使わないと...

`=IF(AND(B2=$B$14,A2=$A$14),"○","")`

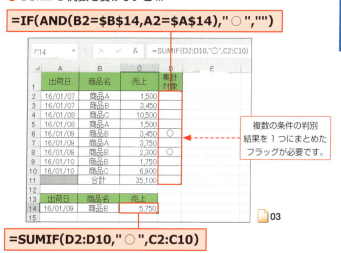

複数の条件の判別結果を 1 つにまとめたフラグが必要です。

`=SUMIF(D2:D10,"○",C2:C10)`

● SUMIFS 関数は SUMIF より多くの上限を指定できます

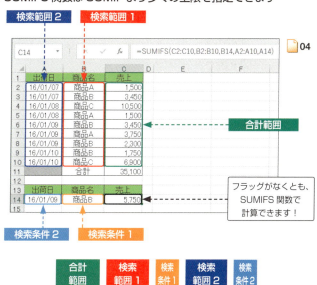

フラグがなくとも、SUMIFS 関数で計算できます！

`=SUMIFS(C2:C10,B2:B10,B14,A2:A10,A14)`

数学／三角 ▶ 四則計算

2007 *2010* *2013* *2016*

複数の数値を掛け合わせる
PRODUCT

書　式：PRODUCT(数値1 [, 数値2 ...])

計算例：PRODUCT(60 , 80% , 10)

　　　　数値［60］［80%］［10］の積を計算する。

機能　複数の数値の積を求めるには、PRODUCT関数を利用すると簡潔に記述できます。「単価」×「数量」のような計算では乗算演算子［＊］を使って数式を記述するほうが簡単ですが、ここに「掛け率」のようなものが入ってくる場合など、掛け合わせるものが多い場合には、この関数を使ったほうが見やすくなります。

また、［1］から順に整数を掛け続けると、この関数で階乗を計算することもできます。

引数として、数値やセル参照を使用することもありますが、よく使われるのは、縦1列または横1行に連続したセル範囲です。計算対象をこのように整理するのがコツです。

数学／三角 ▶ 四則計算

2007 *2010* *2013* *2016*

2つ以上の数値の組を掛けて合計する
SUMPRODUCT

書　式：SUMPRODUCT(配列1 , 配列2 [, 配列3 ...])

計算例：SUMPRODUCT(単価配列 , 数量配列)

　　　　［単価配列］と［数量配列］を掛けた積の和を計算する。

機能　SUMPRODUCT関数は、引数として指定した複数の配列またはセル範囲の対応する要素を掛け合わせ、その合計を返します。

「単価」×「数量」のような場合には、「合計」を求める手間を省いて「総計」を求めることができます。この関数は検算にも利用できます。

数学/三角 ▶ 四則計算

2007 2010 2013 2016

数値の2乗の合計を求める
SUMSQ

書 式：SUMSQ(数値1 [, 数値2 ...])

計算例：SUMSQ(1 , 2 , 3)

数値 [1] [2] [3] の2乗の合計 [14] を返す。

機 能 引数それぞれの平方（2乗）の和を求めます。

統計の計算において、データの平均値を求めておき、その平均値と各データの差を引数に指定すると、偏差平方和を求めることができます。DEVSQ関数（P.106参照）と同様に、分散を計算する途中段階で利用すると便利です。

数学/三角 ▶ 四則計算

2007 2010 2013 2016

数値の2乗に関する計算をする
SUMX2MY2
SUMX2PY2
SUMXMY2

書 式：SUMX2MY2(配列1 , 配列2)

対応する組の数値の平方差の合計を返す。

書 式：SUMX2PY2(配列1 , 配列2)

対応する組の数値の平方和の合計を返す。

書 式：SUMXMY2(配列1 , 配列2)

対応する組の数値の差を2乗してその合計を返す。

機 能 これら3つの関数は、いずれも2つの数値の組に対する計算を行います。最初の組の要素を [X]、次の組の要素を [Y] で表すと、これらの関数は次の数式で表されます。

$$\text{SUMX2MY2} = \Sigma(X^2 - Y^2) \quad \rightarrow \text{SUM of } X^2 \text{ Minus } Y^2$$
$$\text{SUMX2PY2} = \Sigma(X^2 + Y^2) \quad \rightarrow \text{SUM of } X^2 \text{ Plus } Y^2$$
$$\text{SUMXMY2} = \Sigma(X - Y)^2 \quad \rightarrow \text{SUM of } (X \text{ Minus } Y)^2$$

数学／三角 ▶ 四則計算

2007 2010 2013 2016

11種類の小計を求める計算を行う
SUBTOTAL

書　式：SUBTOTAL(集計方法 , 範囲1 [, 範囲2 ...])

計算例：SUBTOTAL(1 , データ表 ,)

[データ表]という名前の付いたセル範囲の平均値（集計方法指定：1）を求める。

機能 SUBTOTAL関数は、作成した集計リストを頻繁に修正するような場合に利用します。＜データ＞タブ→＜アウトライン＞→＜小計＞で挿入される集計行にも使用されています。指定した範囲内に他の集計値が挿入されている場合、小計のみを集計したり、また、非表示のセルを計算対象から外し、表示されたセルのみ集計したりすることができます。
SUBTOTAL関数は、リスト形式を成していないデータの集計にも利用でき、11種類もの関数の計算が1つの関数を入力するだけで実現できるのも特徴です。

使用例 明細に含まれる小計行のみ合計する

小計が含まれたセル範囲の合計を計算する際は、SUBTOTAL関数を用いると、連続したセル範囲で引数を指定しても、小計だけを合計することができます。

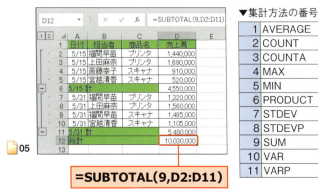

=SUBTOTAL(9,D2:D11)

数学／三角 ▶ 四則計算

19種類の集計を行う
AGGREGATE

書 式：AGGREGATE(集計方法1〜13 , オプション , 参照1 [, 参照2] …)

書 式：AGGREGATE(集計方法14〜19 , オプション , 配列 , 順位)

計算例：AGGREGATE(9 , 6 , D2:D4)
セル範囲[D2:D4]内にあるエラーは無視して平均値を求める。

機 能 AGGREGATE関数は、SUBTOTAL関数（P.52参照）の機能拡張版です。[集計方法]が19種類に増え、[オプション]の指定により、リスト内のエラーや非表示行を無視した集計が可能です。

使用例 エラーを無視して合計を求める

SUBTOTAL関数では、集計対象に1つでもエラーがあると集計結果もエラーになりますが、AGGREGATE関数はエラーを無視した集計が可能です。

06

▼集計方法の番号
1〜11は、SUBTOTAL関数（前ページ）と同じです。

12	MEDIAN	16	PERCENTILE(PERCENTILE.INC)
13	MODE(MODE.SNGL)	17	QUARTILE(QUARTILE.INC)
14	LARGE	18	PERCENTILE.EXC
15	SMALL	19	QUARTILE.EXC

▼オプションの番号

0(省略)	リスト内に含まれる集計値を無視	4	何も無視しない
1	オプション[0]+非表示行の無視	5	非表示行の無視
2	オプション[0]+エラーの無視	6	エラーの無視
3	オプション[0]+[1]+[2]	7	オプション[5]+[6]

数学／三角 ▶ 整数計算

2007 2010 2013 2016

もっとも近い整数に切り下げる
INT

書　式：INT(数値)

計算例：INT(12.3)

数値［12.3］の小数部分を切り捨て整数部［12］を求める。

機能 数値を整数にするもっとも簡単な関数は INT 関数です。「［数値］を超えない最大の整数」が得られるように、数値を切り下げます。したがって、「-12.3」と指定した場合は「-13」となります。

単に、数値の小数点以下の値を切り捨てて整数にするだけなら TRUNC 関数（P.55 参照）が利用できます。

(使用例) 税込み円単価を求める

下表は、ケースごと仕入れた缶ジュースなどを販売する場合に、ほぼ同一の利益率以上の利益をのせる場合、いくらにすればよいか、という計算で 1 円未満を切り捨てています。

「販売単価」から「販売円単価」を求めるために INT 関数を使用して、セル［G4］に「=INT(F4)」と入力し、入力した関数を下のセルにコピーしています。この計算では、切り捨ての結果、実質利益率が若干変動しています。

	A	B	C	D	E	F	G	H
1	販売価格の計算							
2		仕入価格				販売価格		
3	商品名	ケース単価	数量	缶単価	利益率	販売単価	販売円単価	実質利益率
4	缶コーヒー	2,150	24	89.58	25%	119.4444	119.0000	24.72%
5	野菜ジュース	2,250	24	93.75	25%	125.0000	125.0000	25.00%
6	ラムネ	1,850	24	77.08	25%	102.7778	102.0000	24.43%
7	トマトジュース	2,000	24	83.33	25%	111.1111	111.0000	24.92%
8	アップルティ	1,850	24	77.08	25%	102.7778	102.0000	24.43%

📁 07

数学/三角 ▶ 整数計算

2007 2010 2013 2016

指定桁数になるように数値を切り捨てる
TRUNC

書　式：TRUNC(数値 [, 桁数])

計算例：TRUNC(12.345 , 1)

数値［12.345］を小数点第2位で切り捨てて、小数第1位までの数値［12.3］を求める。

機能　TRUNC関数は、［数値］を指定した［桁数］の数値になるように、それ以下の部分を切り捨てます。［桁数］を省略したときは、［数値］が正の場合はINT関数と同じ結果を返しますが、［数値］が負の場合は、計算結果が異なります。たとえば、「-12.3」を指定した場合は、単に小数部を切り捨てた「-12」となります。

同様の機能を持つROUNDDOWN関数（P.56参照）がありますが、［桁数］は省略できません。［桁数］は、切り捨てを行ったあとの小数点を基準にした桁数を指定します。たとえばTRUNC(12.345,2)とした場合は、［12.34］になります。

数学/三角 ▶ 整数計算

2007 2010 2013 2016

数値を指定桁数で四捨五入する
ROUND

書　式：ROUND(数値 , 桁数)

計算例：ROUND(12345 , -2)

数値［12345］を十の位で四捨五入して100単位の数値［12300］を返す。

機能　数値を四捨五入するには、ROUND関数を使用します。この関数は、［数値］の小数点以下の桁数を［桁数］で指定します。［桁数］が正の場合は小数部を、負の場合は整数部を四捨五入し、［桁数］が［0］の場合は整数化します。

数学／三角 ▶ 整数計算

数値を指定桁数に切り上げ/切り捨てる
ROUNDUP
ROUNDDOWN

書 式：ROUNDUP(数値 , 桁数)
計算例：ROUNDUP(12.345 , 1)
数値［12.345］を小数点第2位で切り上げて、小数点第1位までの数値［12.4］を求める。

書 式：ROUNDDOWN(数値 , 桁数)
計算例：ROUNDDOWN(12345 , -2)
数値［12345］を十の位で切り捨てて、100単位の数値［12300］を求める。

機能 ROUNDUP関数は［数値］の桁数が指定した［桁数］になるように切り上げます。ROUNDDOWN関数は［数値］の桁数が指定した［桁数］になるように切り捨てます。［桁数］が正の場合は小数部を、負の場合は整数部を切り上げ/切り捨て、［桁数］が［0］の場合は整数化します。

使用例 切り捨て/切り上げ関数の比較

「ROUNDの付く」関数は、四捨五入のROUND関数、切り上げのROUNDUP関数、切り捨てのROUNDDOWN関数の3つです。

下表に、さまざまな［数値］に対しての［桁数］を適用した結果をまとめました。切り捨て・切り上げ・四捨五入の3つの方法を切り替えて使うには、これらの違いを理解することが重要です。

	A	B	C	D	E	F	G
1	[数値]	123.456	123.456	123.456	-123.456	-123.456	-123.456
2	関数	ROUND			ROUND		
3			ROUNDUP			ROUNDUP	
4				ROUNDDOWN			ROUNDDOWN
5	-2	100	200	100	-100	-200	-100
6	-1	120	130	120	-120	-130	-120
7	0	123	124	123	-123	-124	-123
8	1	123.5	123.5	123.4	-123.5	-123.5	-123.4
9	2	123.46	123.46	123.45	-123.46	-123.46	-123.45

08

数学/三角 ▶ 整数計算

CEILING 2007 2010 2013 2016
CEILING.PRECISE(ISO.CEILING) 2×7 2010 2013 2016

数値を指定した数値の倍数に切り上げる
CEILING
CEILING.PRECISE(ISO.CEILING)

書 式：CEILING(数値 , 基準値)
計算例：CEILING(123 , 5)
　　　　［123］を5の倍数で切り上げ［125］を求める。

書 式：CEILING.PRECISE(数値 [, 基準値])
計算例：CEILING.PRECISE(123.45)
　　　　［123.45］を1の倍数で切り上げ［123］を求める。

機 能 CEILING関数は、［数値］が指定した［桁数］になるように切り上げます。［桁数］が正の場合は小数部を、負の場合は整数部を切り上げ、［桁数］が［0］の場合は整数化します。また、CEILING.PRECISE（ISO.CEILING）関数は［基準値］の省略が可（省略時は［1］）です。

数学/三角 ▶ 整数計算　　　　CEILING.MATH 2×7 2×10 2013 2016

指定した方法で倍数に切り上げる
CEILING.MATH

書 式：CEILING.MATH(数値 [, 基準値] [, モード])
計算例：CEILING.MATH(123 , 10)
　　　　［123］を10の倍数で切り上げ［130］を求める。

機 能 CEILING.MATH関数は、［数値］を［モード］の方法で［基準値］の倍数に切り上げます。［基準値］は省略すると［1］を指定したことになります。［モード］を省略もしくは［0］にすると、［数値］が正なら0から離れた整数に、負なら0に近い整数に切り上げます。［モード］に［0］以外を指定すると、必ず0から離れた整数に切り上げ（絶対値で切り上げ）ます。

数学／三角 ▶ 整数計算

FLOOR 2007 2010 2013 2016
FLOOR.PRECISE 2✕7 2010 2013 2016

数値を指定した数値の倍数に切り捨てる
FLOOR
FLOOR.PRECISE

書　式：FLOOR(数値 , 基準値)
計算例：FLOOR(123 , 5)

[123] を 5 の倍数になるように切り捨て [120] を求める。

書　式：FLOOR.PRECISE(数値 [, 基準値])
計算例：FLOOR.PRECISE(123.45)

[123.45] を 1 の倍数になるように切り捨て [123] を求める。

機能 FLOOR 関数は、指定された [基準値] の倍数のうち、もっとも近い値かつ 0 に近い値に数値を切り捨てます。FLOOR.PRECISE 関数は [基準値] の省略が可（省略時は [1]）です。

数学／三角 ▶ 整数計算

FLOOR.MATH 2✕7 2✕0 2013 2016

指定した方法で倍数に切り捨てる
FLOOR.MATH

書　式：FLOOR.MATH(数値 [, 基準値] [, モード])
計算例：FLOOR.MATH(-123.45 ,, 0)

[-123.45,,0] を [-123.45] を負の方向に基準値で切り捨て、[-124] を求める。

機能 FLOOR.MATH 関数は、[数値] を [モード] の方法で [基準値] のもっとも近い倍数になるように切り捨てます。[基準値] は省略した場合は [1] です。[モード] を省略もしくは [0] を指定すると、負の数値を丸める方向を変更します。たとえば、[数値] が [-3.14] である場合に [基準値] を [1]、[モード] を省略または [0] に指定すると結果は [-3] になり、モードを [1] にすると [-4] になります。

数学／三角 ▶ 整数計算

2007 2010 2013 2016

数値を指定した数値の倍数で四捨五入する
MROUND

書　式：MROUND(数値 , 倍数)

計算例：MROUND(123 , 5)

[123] を 5 の倍数で四捨五入し [125] を求める。

機能　MROUND 関数は [数値] を指定した [倍数] の倍数になるように「四捨五入」します。[数値] を [倍数] で割った余りが、[倍数] の半分以上の場合には CEILING 関数と同じ結果を、半分未満の場合には FLOOR 関数と同じ結果を返します。

数学／三角 ▶ 整数計算

2007 2010 2013 2016

数値を偶数値／奇数値へ切り上げる
EVEN
ODD

書　式：EVEN(数値)

計算例：EVEN(123.45)

[123.45] をもっとも近い偶数に切り上げて [124] を求める。

書　式：ODD(数値)

計算例：ODD(123.45)

[123.45] をもっとも近い奇数に切り上げて [125] を求める。

機能　EVEN 関数は [数値] にもっとも近い偶数を返し、ODD 関数はもっとも近い奇数を返します。[数値] が負の数の場合は、[数値] 以下で最大の偶数または奇数を返します。

使用例　数値の偶数／奇数への切り上げ例

EVEN 関数と ODD 関数を適用した結果をまとめます。

	A	B	C	D	E	F	G	H	I	J	K
1	数値	2.0	1.5	1.0	0.5	0.0	-0.5	-1.0	-1.5	-2.0	
2	EVEN	2	2	2	2	0	-2	-2	-2	-2	
3	ODD	3	3	1	1	1	-1	-1	-3	-3	
4											

09

数学/三角 ▶ 整数計算

QUOTIENT 2007 2010 2013 2016
MOD 2007 2010 2013 2016

割り算の商や余りを返す
QUOTIENT
MOD

書 式：QUOTIENT(数値 , 除数)

計算例：QUOTIENT(12345 , 100)
　[12345] を [100] で割った商 [123] を求める。

書 式：MOD(数値 , 除数)

計算例：MOD(12345 , 100)
　[12345] を [100] で割って、余り [45] を求める。

機能 QUOTIENT関数は、[数値] を [除数] で割ったときの「商の整数部」を返し、MOD関数はその際の余りを返します。

使用例 金種計算の例

下表は、QUOTIENT関数とMOD関数を使った金種計算の例です。元の金額（セル [C2]）を金種の金額（A列）で割った「商」が紙幣の枚数（B列）になり、余りの金額（C列）を金種の金額（A列）で割った「余り」（C列の次の行）が次の金種に引き継がれる金額になります。

セル [B2] には、紙幣・貨幣の枚数の合計を求めてあります。

=QUOTIENT(C2,A3)　**=MOD(C2,A3)**

	A	B	C
1	金種	枚数	余り
2		43	¥326,548
3	¥10,000	32	¥6,548
4	¥5,000	1	¥1,548
5	¥1,000	1	¥548
6	¥500	1	¥48
7	¥100	0	¥48
8	¥50	0	¥48
9	¥10	4	¥8
10	¥5	1	¥3
11	¥1	3	¥0

📄 10

数学／三角 ▶ 整数計算

2007 2010 2013 2016

最大公約数や最小公倍数を求める
GCD
LCM

書　式：GCD(数値1 [, 数値2 ...])
整数の最大公約数を求める。

書　式：LCM(数値1 [, 数値2 ...])
整数の最小公倍数を求める。

機能 GCD関数は、複数の整数の最大公約数を返します。LCM関数は、複数の整数の最小公倍数を返します。

［数値1］は必ず指定します。［数値2］以降は省略可能で、最小公倍数を求める1～255個の数値を指定します。なお、［数値］に整数以外の値を指定すると、小数点以下が切り捨てられます。

使用例 最大公約数と最小公倍数の適用例

例1 社員60人の社員旅行で、大型バス3台に分乗する行程と、中型バス4台に分乗する行程と、列車2両に分乗する3つの行程があります。何人のグループに分けておけば、全行程でグループが分かれないでしょうか？　この場合、

=GCD(60/2, 60/3, 60/4)=GCD(30, 20, 15)=5

ですから、5人ごとのグループに分ければよいことがわかります。

例2 午前8時に3系統のバスが同時に出発したとして、A系統は20分、B系統は25分、C系統は30分おきに運行されている場合、次に同時に出発する時刻はいつでしょうか？ この場合、20分、25分、30分の最小公倍数を求めることになります。すると、

=LCM(20, 25, 30)=300

ですから、5時間後には、再度同時に出発することがわかります。

数学/三角 ▶ 階乗・組み合わせ

2007 2010 2013 2016

数値の階乗を求める
FACT

書　式：FACT(数値)

計算例：FACT(5)

　　[5] の階乗 [120] を返す。

機能　FACT 関数は、[数値] の階乗（1 ～ [数値] の範囲にある整数の積）を返します。COMBIN 関数（P.63 参照）で計算する「組み合わせの数」も、統計関数である PERMUT 関数（P.108 参照）で計算する「順列の数」も、階乗の組み合わせで表現されます。数値を [3] とした場合の階乗は次の式になります。

$$3! = 3 \times 2 \times 1 = 6$$

数学/三角 ▶ 階乗・組み合わせ

2007 2010 2013 2016

数値の二重階乗を返す
FACTDOUBLE

書　式：FACTDOUBLE(数値)

計算例：FACTDOUBLE(4)

　　[4] の二重階乗 [8] を返す。

機能　FACTDOUBLE 関数は [数値] の二重階乗（[数値] ～ 1 または 2 まで 2 ずつ減る整数の積）を返します。数値の階乗を求めるには、FACT（数学 / 三角関数）を使用します。[数値] に 4(偶数) を指定した場合は、次の数式が成立します。

$$n!! = n \times (n-2) = 4 \times (4-2) = 4 \times 2 = 8$$

[数値] に 5(奇数) を指定した場合は、次の数式が成立します。

$$n!! = n \times (n-2) \times (n-4) = 5 \times (5-2) \times (5-4) = 5 \times 3 \times 1 = 15$$

数学／三角 ▶ 階乗・組み合わせ

2007 2010 2013 2016

組み合わせの数を求める
COMBIN

書 式：COMBIN(総数 , 抜き取り数)

計算例：COMBIN(12 , 9)

[12] から [9] を抜き取る組み合わせ [220] を返す。

機能 COMBIN 関数は、[総数] から [個数] を、「区別しないで選択する」ときの組み合わせの数を返します。[n] を [総数]、[k] を [抜き取り数] とし、階乗を使って表すと、次の式になります。これは $(a+b)^n$ の係数を表すので「二項係数」とも呼ばれます。

$$nCk = \binom{n}{k} = \frac{n!}{k!(n-k)!}$$

数学／三角 ▶ 階乗・組み合わせ

2⨉07 2⨉0 2013 2016

重複組み合わせの数を求める
COMBINA

書 式：COMBINA(総数 , 抜き取り数)

計算例：COMBINA(12 , 9)

[12] と [9] の重複組み合わせの数 [167960] を求めます。

機能 COMBINA 関数は、[総数] から [個数] を選択する重複組み合わせを返します。重複組み合わせは、分配方法の組み合わせなどを求めるときに利用できます。[総数] は [0] 以上で抜き取り数以上の数値を必ず指定します。[抜き取り数] は [0] 以上の数値を必ず指定します。引数に整数以外の値を指定したときは、小数部分は切り捨てられます。

数学/三角 ▶ 多項式　　　　　　　　2007 2010 2013 2016

多項係数を求める
MULTINOMIAL

書　式：MULTINOMIAL(数値1 [, 数値2 ...])

計算例：MULTINOMIAL(1 , 2 , 3)
数値 [1,2,3] の多項係数 [60] を返す。

機能 MULTINOMIAL 関数は、多項係数（数値の和の階乗と各数値の階乗の積との比）を求めます。多項係数は $(a+b+c...)n$ の係数を表し、二項係数（P.63、COMBIN 関数参照）を拡張したものに相当します。

$$\frac{([数値1]+[数値2]+[数値3]+...)!}{[数値1]![数値2]![数値3]!...}$$

数学/三角 ▶ 多項式　　　　　　　　2007 2010 2013 2016

べき級数近似を求める
SERIESSUM

書　式：SERIESSUM(変数値 , べき初期値 , べき増分 , 係数配列)

計算例：SERIESSUM(PI()/4 , 0 , 2 , 1,-1/2!,1/4!)
cos (π/4) ≒ 1+ (1/2) (π/4)² + (1/24) (π/4)⁴ として
cos (π/4) ≒ 0.7071

機能 次式の「べき級数」を計算します。計算例の [変数値] は PI()/4、[べき初期値] は [0] で [べき増分] は [2]、[係数配列] はセル範囲に FACT 関数を使い入力できます。

$$SERIESSUM(x,n,m,a_1{:}a_i)$$
$$= a_1 x^n + a_2 x^{n+m} + a_3 x^{n+2m} + ... + a_i x^{n+(i-1)m}$$

数学／三角 ▶ 記数法

n進数を10進数に変換する
DECIMAL

書　式：DECIMAL(文字列 , 基数)

計算例：DECIMAL(" FF ", 16)
　　　16進数の［FF］を10進数の［255］に変換する。

機　能　DECIMAL関数は、指定された［基数］の進数表記の［文字列］を10進数（数値）に変換します。［基数］は2〜36までの整数を指定し、［文字列］は255文字以下にする必要があります。

📄11

数学／三角 ▶ 記数法

10進数をn進数に変換する
BASE

書　式：BASE(数値 , 基数 [, 最低桁数])

計算例：BASE(123 , 16)
　　　10進数の［123］を16進数の［7B］に変換する。

機　能　BASE関数は、10進数の［数値］を［基数］で指定した進数（文字列）に変換します。［基数］は2〜36までの整数を利用できます。［最低桁数］は指定された最低桁数より少なければ、その結果の先頭に0が追加されます。たとえばBASE(10,2)は2進数に10を変換した［1010］を返しますが、BASE(10,2,8)は［00001010］を返します。エンジニアリング関数（P.276参照）と似た役割を持ちます。

📄12

数学/三角 ▶ 変換計算

2007 2010 2013 2016

アラビア数字をローマ数字に変換する
ROMAN

書　式：ROMAN(数値 [, 書式])

計算例：ROMAN(28)

数値［28］のローマ字表記［XXVIII］を求める。

機能 ROMAN関数は、アラビア数字をローマ数字（文字列）に変換します。ローマ数字には5種類の表記があり、これは［書式］で指定します。

(使用例) ローマ数字への変換例

右表では、A列に入力した数値をローマ字に変換しています。

［書式］	表記
0/TRUE/省略	正式
1	0から簡略化した形式
2	1より簡略化した形式
3	2より簡略化した形式
4/FALSE	略式（もっとも簡略化）

	A	B	C	D	E	F
1		書式				
2	[数値]	0	1	2	3	
3	1	I	I	I	I	
4	2	II	II	II	II	
5	3	III	III	III	III	
6	4	IV	IV	IV	IV	
7	5	V	V	V	V	
...						
14	30	XXX	XXX	XXX	XXX	
15	40	XL	XL	XL	XL	
16	50	L	L	L	L	
17	60	LX	LX	LX	LX	
18	70	LXX	LXX	LXX	LXX	
19	80	LXXX	LXXX	LXXX	LXXX	
20	90	XC	XC	XC	XC	

📄13

数学/三角 ▶ 変換計算

2007 2010 2013 2016

ローマ数字をアラビア数字に変換する
ARABIC

書　式：ARABIC(文字列)

計算例：ARABIC(" CXXIII ")

ローマ数字の［CXXIII］をアラビア数字（数値）の［123］に変換する。

機能 ［文字列］のローマ数字を、アラビア数字（数値）に変換します。ROMAN関数と相互に利用できます。

数学/三角 ▶ 変換計算　　　2007 2010 2013 2016

度をラジアンに変換する
RADIANS

書　式：RADIANS(角度)

計算例：RADIANS(180)

角度［180］に対するラジアン［3.14159…］を求める。

機 能　RADIANS 関数は度をラジアンに変換します。ラジアンとは、半径1の円の円周2π（180度＝πラジアン）を基準にして角度を表したものです。ですから、［180］に対する戻り値は［π（=3.14159…）］となります。［角度］は数値で入力します。

三角関数ではこのラジアンで表された角度を引数にするので、三角関数を利用するにはこの関数が便利です。この変換は定数倍であり、［π/180］（PI()/180）を掛けることとまったく同じです。

数学/三角 ▶ 変換計算　　　2007 2010 2013 2016

ラジアンを度に変換する
DEGREES

書　式：DEGREES(角度)

計算例：DEGREES(PI())

ラジアン［3.14159…］に対する角度［180］を求める。

機 能　DEGREES 関数はラジアンを度に変換します。ラジアンとは、半径1の円の円周2π（180度＝πラジアン）を基準にして角度を表したものです。ですから、［π（=3.14159…）］に対する戻り値は［180］となります。逆三角関数の戻り値はこのラジアンで表されるので、逆三角関数から角度を得るにはこの関数が便利です。この変換は定数倍であり、［180/π］を掛けることとまったく同じです。

数学/三角 ▶ 変換計算　　　　　　2007 2010 2013 2016

数値の絶対値を求める
ABS

書　式：ABS(数値)

計算例：ABS(-10)
　　数値［-10］の絶対値［10］を返す。

機能　ABS 関数は、［数値］の絶対値、すなわち［数値］から符号「+」「-」を取った値を返します。これに対して SIGN 関数は、［数値］の符号を返します。

数学/三角 ▶ 変換計算　　　　　　2007 2010 2013 2016

数値の符号を求める
SIGN

書　式：SIGN(数値)

計算例：SIGN(-10)
　　数値［-10］の符号「-」を示す［-1］を返す。

機能　SIGN 関数は、［数値］の符号「+」「-」を調べます。SIGN 関数の戻り値は、［数値］が正の数のとき［1］、0 のときは［0］、負の数のとき［-1］を返します。

使用例　絶対値と符号の関係

ABS 関数から得られる絶対値と、SIGN 関数から得られる符号とを、1 つのグラフに表現すると、右のようになります。

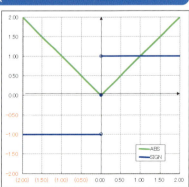

数学/三角 ▶ 平方根・円周率

2007 2010 2013 2016

平方根を求める
SQRT

書　式：SQRT(数値)

計算例：SQRT(2)

数値[2]の正の平方根[1.41421356…]を返す。

機能 SQRT関数は[数値]の正の平方根を返します。「=x^(1/2)」と記述しても同じ結果が得られます。PI関数などと同様に、15桁まで算出します(16桁目を四捨五入)。

数学/三角 ▶ 平方根・円周率

2007 2010 2013 2016

円周率πの数値を求める
PI

書　式：PI()

計算例：PI()

円周率πの近似値を返す。

機能 PI関数は引数を指定しない関数で、円周率πの近似値を返します。π ≒ 3.14159265358979(精度は15桁)とします。

数学/三角 ▶ 平方根・円周率

2007 2010 2013 2016

πの倍数の平方根を求める
SQRTPI

書　式：SQRTPI(数値)

計算例：SQRTPI(2)

数値[2]にπを掛けた数値[2π]の正の平方根[2.50662…]を返す。

機能 SQRT関数は[数値]の正の平方根を返しますが、SQRTPI関数は[数値]にπを掛けてその正の平方根を返します。

指数関数を利用する
EXP

書 式：EXP(数値)

計算例：EXP(2)

数値 [2] に対して自然対数の底 [7.389056098930650] を返す (精度15桁)。

機能 EXP関数は指数関数で、定数eを底とする [数値] 乗を返します。定数eは自然対数の底で、Excelでは、

　　e ≒ 2.71828182845904 (精度15桁)

とします。

自然対数を求める
LN

書 式：LN(数値)

計算例：LN(2)

数値 [2] の自然対数 [0.693147181] を返す。

機能 LN関数は [数値] の自然対数を返します。自然対数とは、定数eを底とする対数のことです。LN関数はEXP関数の逆関数です。

使用例 グラフ例

右図に、指数関数・べき乗・対数関数のグラフを示します。

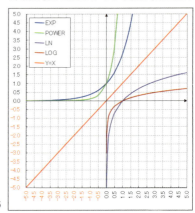

数学／三角 ▶ 指数・対数・べき乗　　　　2007 2010 2013 2016

数値のべき乗を求める
POWER

書　式：POWER(数値 , 指数)

計算例：POWER(2 , 8)

数値［2］の指数［8］乗である［256］を返す。

機　能　POWER 関数は、［数値］を底とする［指数］のべき乗を返します。Excel では、べき乗演算子［^］を使用してべき乗の［指数］を表すこともできます。

数学／三角 ▶ 指数・対数・べき乗　　　　2007 2010 2013 2016

指定する数を底とする対数を求める
LOG

書　式：LOG(数値 [, 底])

計算例：LOG(128 , 2)

数値［128］の２を底とする対数［7］を返す。

機　能　LOG 関数は指定した数を［底］とする［数値］の対数を返します。LOG 関数は POWER 関数の逆関数です。

数学／三角 ▶ 指数・対数・べき乗　　　　2007 2010 2013 2016

10を底とする対数を求める
LOG10

書　式：LOG10(数値)

計算例：LOG10(2)

数値［2］の 10 を底とする対数［0.301029996］を返す。

機　能　LOG10 関数は、10 を底とする［数値］の対数を返します。常用対数とも呼ばれます。

数学/三角 ▶ 三角関数

2007 2010 2013 2016

角度のサイン(正弦)を求める
SIN

書 式：SIN(角度)

計算例：SIN(PI()/4)

角度［PI()/4］のサイン［0.707106781］（1/√2）を返す。

機 能 SIN 関数は、指定した角度のサイン（正弦）を返します。角度はラジアン（RADIANS 関数、P.67 参照）を単位として指定できます。

数学/三角 ▶ 三角関数

2007 2010 2013 2016

角度のコサイン(余弦)を求める
COS

書 式：COS(角度)

計算例：COS(PI()/4)

角度［PI()/4］のコサイン［0.707106781］（1/√2）を返す。

機 能 COS 関数は、指定した角度のコサイン（余弦）を返します。角度はラジアンを単位として指定できます。

数学/三角 ▶ 三角関数

2007 2010 2013 2016

角度のタンジェント(正接)を求める
TAN

書 式：TAN(角度)

計算例：TAN(PI()/4)

角度［PI()/4］のタンジェント［1］を返す。

機 能 TAN 関数は、指定した角度のタンジェント（正接）を返します。角度はラジアンを単位として指定できます。

数学／三角 ▶ 三角関数

角度の正割を求める
SEC

書　式：SEC(数値)

計算例：SEC(45)

数値［45］で指定した角度の正割［1.903594］を返す。

機能 SEC関数は、角度の正割（セカント）を返します。［数値］は求める角度をラジアンで指定します。

数学／三角 ▶ 三角関数

角度の余割を求める
CSC

書　式：CSC(数値)

計算例：CSC(45)

数値［45］で指定した角度の余割［1.175221］を返す。

機能 CSC関数は、角度（ラジアン）の余割（コセカント）を返します。

数学／三角 ▶ 三角関数

角度の余接を求める
COT

書　式：COT(数値)

計算例：COT(45)

数値［45］で指定した角度の余接［0.61737］を返す。

機能 COT関数は、角度（ラジアン）の余接（コタンジェント）を返します。

数学/三角 ▶ 三角関数

2007 2010 2013 2016

数値のアークサイン(逆正弦)を求める
ASIN

書 式：ASIN(数値)

計算例：ASIN(1/SQRT(2))

数値［1/SQRT(2)］のアークサイン［0.78…］を返す。

数学/三角 ▶ 三角関数

2007 2010 2013 2016

数値のアークコサイン(逆余弦)を求める
ACOS

書 式：ACOS(数値)

計算例：ACOS(1/SQRT(2))

数値［1/SQRT(2)］のアークコサイン［0.78…］を返す。

機能 ASIN関数、ACOS関数、ATAN関数は、それぞれ、SIN関数、COS関数、TAN関数の逆関数であり、「逆三角関数」と呼ばれます。

数学/三角 ▶ 三角関数

2007 2010 2013 2016

アークタンジェント(逆正接)を求める
ATAN | ATAN2

書 式：ATAN(数値)

計算例：ATAN(1)

角度［1］のアークタンジェント［0.98…］を返す。

書 式：ATAN2(x座標 , y座標)

計算例：ATAN2(15 , 20)

座標［15,20］のアークタンジェント［0.9273］を返す。

機能 ATAN関数は、タンジェント値から角度(ラジアン)を求め、ATAN2関数はx-y座標上の座標値から角度を求めます。
ATAN2 (c,b) = ATAN (b/c) という関係になります。

三角関数と逆三角関数

SIN 関数、COS 関数、TAN 関数は直角三角形の辺の比として定義された関数で、三角関数といいます。それぞれの関数の三角比は次のとおりです。特に斜辺 a を [1] とすると、SIN 関数と COS 関数は、角度 θ の直角三角形の高さと底辺の長さを表します。

SIN(θ)=b/a
COS(θ)=c/a
TAN(θ)=b/c

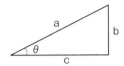

また、三平方の定理より $b^2+c^2=a^2$ の関係が成り立つことから斜辺 a が [1] の場合は、SIN2(θ)+COS2(θ)=1 ということもできます。

これに対して ASIN 関数、ACOS 関数、ATAN 関数(または ATAN2 関数)は三角関数とは逆に、辺の比から角度 θ を求めます。そのため逆三角関数といいます。

ASIN(b/a)= θ 　　　　　ACOS(c/a)= θ
ATAN(b/c)=ATAN2(c,b)= θ

角度 θ をさまざまに変化させた場合の SIN 関数、COS 関数、TAN 関数の値とグラフは、以下のとおりです。三角関数では角度 θ をラジアン単位で指定する必要があるため、RADIANS 関数(P.67 参照)により角度をラジアンに変換し、三角関数の引数に指定しています。

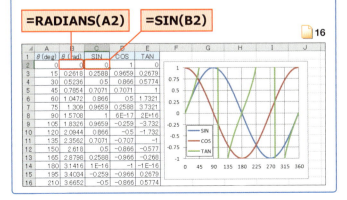

数学／三角 ▶ 三角関数

数値の逆余接を求める
ACOT

書　式：ACOT(数値)

計算例：ACOT(2)

　　　　数値［2］の逆余接［0.463647609］を返す。

機　能　ACOT関数は、引数［数値］の逆余接（アークコタンジェント）を返します。

数学／三角 ▶ 双曲線関数

数値の双曲線正弦を求める
SINH

書　式：SINH(数値)

計算例：SINH(PI()/2)

　　　　数値［PI()/2］の双曲線正弦［2.301298902］を返す。

機　能　SINH関数は、引数［数値］の双曲線正弦（ハイパーボリックサイン）を返します。

数学／三角 ▶ 双曲線関数

数値の双曲線余弦を求める
COSH

書　式：COSH(数値)

計算例：COSH(1)

　　　　数値［1］の双曲線余弦［1.543080635］を返す。

機　能　COSH関数は、引数［数値］の双曲線余弦（ハイパーボリックコサイン）を返します。

`数学/三角 ▶ 双曲線関数`

数値の双曲線正接を求める
TANH

書　式：TANH(　数値　)

計算例：TANH(　1　)
数値［1］の双曲線正接［0.761594156］を返す。

機能　TANH関数は、引数［数値］の双曲線正接（ハイパーボリックタンジェント）を返します。

`数学/三角 ▶ 双曲線関数`

数値の双曲線正割を求める
SECH

書　式：SECH(　数値　)

計算例：SECH(　1　)
数値［1］の双曲線正割［0.648054274］を返す。

機能　SECH関数は、引数［数値］の双曲線正割（ハイパーボリックセカント）を返します。

`数学/三角 ▶ 双曲線関数`

数値の双曲線余割を求める
CSCH

書　式：CSCH(　数値　)

計算例：CSCH(　2　)
数値［2］の双曲線余割［0.275720565］を返す。

機能　CSCH関数は、引数［数値］の双曲線余割（ハイパーボリックコセカント）を返します。

数学/三角 ▶ 双曲線関数

数値の双曲線余接を求める
COTH

書　式：COTH(数値)

計算例：COTH(4)

数値［4］で指定した角度の双曲線余接［1.00067115］を返す。

機能 COTH関数は、引数［数値］の双曲線余接（ハイパーボリックコタンジェント）を返します。

数学/三角 ▶ 双曲線関数

数値の双曲線逆正弦を求める
ASINH

書　式：ASINH(数値)

計算例：ASINH(2.301298902)

数値［2.301298902］の双曲線逆正弦［1.570796327］を返す。

機能 ASINH関数は、双曲線関数のSINH関数（P.76参照）の逆関数であり、引数［数値］の双曲線逆正弦（ハイパーボリックサインの逆関数）を返します。

Memo

逆関数

Excelでの逆関数とは、ある関数に対する引数xと返り値yに対して、引数y、返り値xが成り立つ関数のことで、たとえばSINH関数とASINH関数がその典型です。ROMAN関数とARABIC関数（P.66参照）のように、厳密には逆関数ではなくとも相互に利用しやすい関数も多くあります。

数学/三角 ▶ 双曲線関数　　　　　　2007 2010 2013 2016

数値の双曲線逆余弦を求める
ACOSH

書　式：ACOSH(数値)

計算例：ACOSH(2)
　　　　数値［2］の双曲線逆余弦［1.316957897］を返す。

機能　ACOSH関数は、双曲線関数のCOSH関数の逆関数であり、引数［数値］の双曲線逆余弦（ハイパーボリックコサインの逆関数）を返します。

数学/三角 ▶ 双曲線関数　　　　　　2007 2010 2013 2016

数値の双曲線逆正接を求める
ATANH

書　式：ATANH(数値)

計算例：ATANH(0.761594156)
　　　　数値［0.761594156］の双曲線逆正接［1］を返す。

機能　ATANH関数は、双曲線関数TANH関数（P.77参照）の逆関数であり、引数［数値］の双曲線逆正接（ハイパーボリックタンジェントの逆関数）を返します。

数学/三角 ▶ 双曲線関数　　　　　　2×7 2×0 2013 2016

数値の双曲線逆余接を求める
ACOTH

書　式：ACOTH(数値)

計算例：ACOTH(4)
　　　　数値［4］に対する双曲線逆余接［0.255412812］を返す。

機能　ACOTH関数は、［数値］に対する双曲線逆余接（ハイパーボリックアークコタンジェント）の値を返します。

Memo

双曲線関数

SIN 関数、COS 関数、TAN 関数の三角関数は、直角三角形の辺の比です。三角形の斜辺 a を [1] とした場合は、次の関係が成り立ちます（P.75 参照）。

$c^2 + b^2 = 1$

$COS^2(\theta) + SIN^2(\theta) = 1$

さて、双曲線関数の SINH 関数、COSH 関数、TANH 関数は三角関数に「H」が付いた関数名です。関数名が似ているだけあって、上記の関係式の [b^2] の符号をマイナスにした関係で定義されています。

$c^2 - b^2 = 1$

$COSH^2(\theta) - SINH^2(\theta) = 1$

また、$TANH(\theta) = SINH(\theta) / COSH(\theta)$ です。

数学／三角 ▶ 行列・行列式

指定した次元の単位行列を求める
MUNIT

書　式：MUNIT(ディメンション)

計算例：MUNIT(5)

　　　5 列 5 行の単位行列を求める。

機　能　MUNIT 関数は、引数 [ディメンション] で指定した次元の単位行列を返します。[ディメンション] の値が 0 以下の場合、エラー値 [#VALUE!] を返します。なお、求められた配列の一部を修正したり削除したりすることはできません。

$$1_{N \times N} = \begin{matrix} 1 & 0 & \cdots & 0 \\ 0 & 1 & \cdots & 0 \\ \vdots & \vdots & \ddots & \vdots \\ 0 & 0 & \cdots & 1 \end{matrix}$$

数学/三角 ▶ 行列・行列式

2007 2010 2013 2016

行列式を求める
MDETERM

書　式：MDETERM(配列)

計算例：MDETERM(A1:B2)

　　　　対角行列の行列式は対角要素の積となる。

機 能　MDETERM 関数を利用すると、行列式の値を求めることができます。行列式とは、正方行列に固有の数値です。2行2列の行列式は次のように計算されます。

$$\begin{bmatrix} a & b \\ c & d \end{bmatrix} = ad - bc$$

数学/三角 ▶ 行列・行列式

2007 2010 2013 2016

逆行列を求める
MINVERSE

書　式：MINVERSE(配列)

計算例：MINVERSE(A1:C3)

　　　　セル範囲 [A1:C3]（3行3列）の逆行列を返す。

機 能　与えられた行列の逆行列を求めるには、MINVERSE 関数を使用します。[配列] に指定された配列のサイズと同じサイズの正方のセル範囲を選択し、「配列数式」として入力します。

数学/三角 ▶ 行列・行列式

2007 2010 2013 2016

行列の積を求める
MMULT

書　式：MMULT(配列1 , 配列2)

計算例：MMULT(A1:C3 , D1:D3)

　　　　セル範囲 [A1:C3] と [D1:D3] の行列の積を返す。

機 能　2つの行列の積を求めるには、MMULT 関数を使用します。MMULT 関数は2つの行列 [配列1] と [配列2] の行列の積を「配列数式」として入力します。

数学/三角 ▶ 乱数

2007 2010 2013 2016

0以上1未満の実数の乱数を発生させる
RAND

書　式：RAND()

計算例：RAND()
　　　　0以上1未満の乱数（任意の実数）を返す。

機　能　RAND関数は引数をとらない関数ですが、引数のカッコ（）だけは必要です。RAND関数は、0以上1未満の区間で一様に分布する「実数の乱数」を発生します。RAND関数は、ワークシートの再計算のたびに新しい乱数を発生します。

17

数学/三角 ▶ 乱数

2007 2010 2013 2016

範囲を指定して整数の乱数を発生させる
RANDBETWEEN

書　式：RANDBETWEEN(最小値, 最大値)

計算例：RANDBETWEEN(1 , 10)
　　　　[1]以上[10]以下の乱数（任意の整数）を返す。

機　能　RAND関数が「実数の乱数」を発生するのに対して、RANDBETWEEN関数は[最小値]と[最大値]の範囲で一様に分布する「整数の乱数」を発生します。RANDBETWEEN関数やRAND関数は、ワークシートの再計算のたびに新しい乱数を発生します。

第2章

統計

統計 ▶ 平均値

2007 2010 2013 2016

数値の平均値を求める
AVERAGE
AVERAGEA

書 式：AVERAGE(数値1 [, 数値2 …])
[数値1][数値2]…の平均値を求める。

書 式：AVERAGEA(値1 [, 値2 …])
[値1][値2]…の、文字列または論理値も含めた平均値を求める。

機 能 AVERAGE関数は数値だけを対象として平均値（算術平均）を算出し、AVERAGEA関数は文字列や論理値も計算の対象として平均値を算出します。

使用例 テストの平均点を求める

下表の例で、AVERAGE関数を用いた第14行では、「**欠席者（得点欄に「欠席」の文字がある人）を含まない平均点**」が計算されます。AVERAGEA関数を用いた第19行では、「**欠席者を含んだ人数での平均点**」が計算されます。

	A	B	C	D	E	F	G	H
1				必修		選択		
2	番号	氏名	国語	数学	英語	物理	化学	総合
3	1	青山 克彦	60	85	50		50	245
4	2	加藤 京香	58	60	52		45	215
5	3	佐々木 浩	84	75	77	60		296
6	4	高橋 美穂	95	75	84	75		329
7	5	中村 武	100	100	90	100		390
8	6	橋本 麻里	75	25	65	50		215
9	7	松下 義昭	86	10	65		32	193
10	8	山崎 貴子	58	22	67		30	177
11	9	R.Johnson	39	65	95		70	269
12	10	渡辺 圭子	欠席	欠席	欠席	欠席	欠席	欠席
13	合計点	SUM	655	517	645	285	227	2,329
14	平均点	AVERAGE	72.8	57.4	71.7	71.3	45.4	258.8
15	受験者数	COUNT	9	9	9	4	5	9
16	最高点	MAX	100.0	100.0	95.0	100.0	70.0	390.0
17	最低点	MIN	39.0	10.0	50.0	50.0	30.0	177.0
18	SUM/AVERAGE		72.8	57.4	71.7	71.3	45.4	258.8
19	平均点	AVERAGEA	65.5	51.7	64.5	57.0	37.8	232.9
20	受験者数	COUNTA	10	10	10	5	6	10
21	最高点	MAXA	100.0	100.0	95.0	100.0	70.0	390.0
22	最低点	MINA	0.0	0.0	0.0	0.0	0.0	0.0
23	SUM/AVERAGEA		65.5	51.7	64.5	57.0	37.8	232.9

18

集計のポイント

●条件を満たしたものだけの平均を求める

条件付の平均を計算する場合、AVERAGEIFS 関数を利用することができます（P.87 参照）。また、DAVERAGE 関数（P.240 参照）を使用する方法もあります。

●文字列や論理値を集計対象とするかどうか

集計に際しては、空白は対象になりません。また、「欠席」「休日」などの文字列、もしくは論理値に関して、集計対象としない場合は「末尾に A が付かない関数」を、集計対象とする場合には「末尾に A が付く関数」を使用します。この場合、文字列は「0」、論理値は TRUE のとき [1]、FALSE のとき [0] とみなします。

	A	B	C	D	E	F
	受験者名	試験1	試験2	試験3	試験4	試験5
2	青山 克彦	25	93	37	96	21
3	加藤 京香	95	35	51	66	34
4	佐々木 浩	欠席	欠席	欠席	欠席	欠席
5	髙橋 美穂	81	26	44	23	47
6	中村 武	61	29	64	76	84
7	橋本 麻里	75	欠席	35	75	60
8	松下 義昭	98	67	24	86	欠席
9	山崎 貴子	54	33	66	32	80
10	R.Johnson	欠席	45	75	85	89
11	渡辺 圭子	32	96	欠席	68	92
12	受験者の平均点	65.1	53.0	49.5	66.4	63.4
13	欠席者を含めた平均点	52.1	85.3	68.3	79.3	81.0

19

●平均の求め方のバリエーション

上の 2 つは「平均を求める対象」のバリエーションですが、平均の求め方にもバリエーションがあります。

○相乗平均を求める： GEOMEAN 関数（統計、P.88 参照）
○調和平均を求める： HARMEAN 関数（統計、P.89 参照）
○極端に離れた値を除外して平均を求める：

TRIMMEAN（統計、P.89 参照）

●「表示されない 0」の取り扱い

＜Excel のオプション＞ダイアログボックスの＜詳細設定＞で＜ゼロ値のセルにゼロを表示する＞をオフに設定すると、セルの [0] が非表示になります。ただし、これらのセルを引数に含めた場合は [0] として計算の対象となるので、注意が必要です。

統計 ▶ 平均値　　　　　　　　　　　　　2007　2010　2013　2016

条件を付けて数値を平均する
AVERAGEIF

書　式：AVERAGEIF(検索範囲 , 検索条件 , 平均範囲)
計算例：AVERAGEIF(住所 , "東京" , 年齢)
セル範囲［住所］の［東京］の行（または列）に対応するセル範囲［年齢］の数値を平均する。

機能　AVERAGEIF関数を利用すると、「条件に合う数値を平均する」ことができます。AVERAGEIF関数は、［検索範囲］に含まれるセルのうち、［検索条件］を満たすセルに対応する［合計範囲］のセルの数値の平均を求めます。
たとえば、東京在住の会員の平均年齢を求めたい場合は、「住所」を検索範囲に、「東京」を検索条件に指定します。

使用例 物理受験者の国語の平均点を求める

下表では、物理受験者4名（「物理」欄に適切な得点が記入してある）の国語の平均点を計算し、参照方法を調整して他の列にコピーし、物理受験者の全科目の平均点を出力しています（化学は受験者がいないのでエラー）。

C16　=AVERAGEIF($F$3:$F$12,">=0",C3:C12)

番号	氏名	必修			選択		総合
		国語	数学	英語	物理	化学	
1	青山 克彦	60	85	50		50	245
2	加藤 京香	58	60	52		45	215
3	佐々木 浩	84	75	77	60		296
4	高橋 美穂	95	75	84	75		329
5	中村 武	100	100	90	100		390
6	橋本 麻里	75	25	65	50		215
7	松下 義昭	86	10	65		32	193
8	山崎 貴子	58	22	67		30	177
9	R.Johnson	39	65	95		70	269
10	渡辺 圭子	欠席	欠席	欠席	欠席	欠席	欠席
合計点	SUM	655.0	517.0	645.0	285.0	227.0	2,329.0
平均点	AVERAGE	72.8	57.4	71.7	71.3	45.4	258.8
物理受験者の平均点		88.5	68.8	79.0	71.3	#DIV/0!	307.5

[20]

=AVERAGEIF($F$3:$F$12,">=0",C$3:C$12)

統計 ▶ 平均値

2007 2010 2013 2016

複数の条件を付けて数値を平均する
AVERAGEIFS

書　式：AVERAGEIFS(平均範囲 , 検索範囲1 , 検索条件1 [, 検索範囲2 , 検索条件2 ...])

計算例：AVERAGEIFS(年齢 , 住所 ,"東京" 性別 ,"男性")

セル範囲［住所］の［東京］の行（または列）であってかつ、セル範囲［性別］の［男性］の行（または列）に対応するセル範囲［年齢］の数値を平均する。

機能　AVERAGEIF関数では「**1つの条件**を付けた平均」を求めますが、AVERAGEIFS関数は、「**複数の条件**を付けた平均」を求めます。条件は127個まで追加できます。

使用例　2つの条件に一致する受験者の数学の平均点を求める

下表では、前ページの計算に加えて、「物理受験者4名の数学の得点」の「合格者（50点以上）の平均点」を求めています。

番号	氏名	必修			選択		総合
		国語	数学	英語	物理	化学	
1	青山 克彦	60	85	50		50	245
2	加藤 京香	58	60	52		45	215
3	佐々木 浩	84	75	77	60		296
4	高橋 美穂	95	75	84	75		329
5	中村 武	100	100	90	100		390
6	橋本 麻里	75	25	65	50		215
7	松下 義昭	86	10	65		32	193
8	山崎 貴子	58	22	67		30	177
9	R Johnson	39	65	95		70	269
10	渡辺 圭子	欠席	欠席	欠席	欠席	欠席	欠席
合計点	SUM	655.0	517.0	645.0	285.0	227.0	2,329.0
平均点	AVERAGE	72.8	57.4	71.3	71.3	45.4	258.8
物理受験者の平均点		88.5	68.8	79.0	71.3	#DIV/0!	307.5
物理受験者の中で数学得点50点以上の受験者の平均点			83.3				

`=AVERAGEIFS(D$3:D$12,$F$3:$F$12,">=0",D3:D12,">=50")`

AVERAGEIF関数とは引数の順番が異なることに注意！

統計 ▶ 平均値

数値の相乗平均(幾何平均)を求める
GEOMEAN

書　式：GEOMEAN(数値1 [, 数値2 ...])

計算例：GEOMEAN(12% , 9% , 16%)

数値[12%]、[9%]、[16%]の相乗平均[12%]を返す。

機能 平均するデータが「掛け合わされて結果を表すデータ」である場合は、相乗平均(幾何平均)を求めるGEOMEAN関数を利用します。「MEAN」は「平均」の意味です。

$$\text{GEOMEAN} = \sqrt[n]{A_1 \times A_2 \times \cdots \times A_n}$$

使用例 物価の平均上昇率を求める

物価上昇率が3.5%、4%、−1.5%、−0.5%、2%である場合の「平均上昇率」は、毎年の上昇率を足して割って(算術平均)も無意味なので、この場合は「相乗平均」を利用します。ただし、掛け合わせるのは「物価上昇率」に100%を加えた「前年比」であり、掛け合わせたあとで100%を引きます。

統計 ▶ 平均値　　　　　　　　　　　　　　2007 2010 2013 2016

数値の調和平均を求める
HARMEAN

書　式：HARMEAN(数値1 [, 数値2 ...])

計算例：HARMEAN(3 , 4 , 6)
数値 [3]、[4]、[6] の調和平均 [4] を返す。

機能　数の平均の逆数（調和平均）を求める場合にHARMEAN関数を利用します。

$$\text{HARMEAN} = \cfrac{1}{\cfrac{1}{n} \times \cfrac{1}{A_1} + \cfrac{1}{n} \times \cfrac{1}{A_2} + \cdots + \cfrac{1}{n} \times \cfrac{1}{A_n}} = \cfrac{n}{\cfrac{1}{A_1} + \cfrac{1}{A_2} + \cdots + \cfrac{1}{A_n}}$$

$$\cfrac{1}{\text{HARMEAN}} = \cfrac{1}{n} \times \left(\cfrac{1}{A_1} + \cfrac{1}{A_2} + \cdots + \cfrac{1}{A_n} \right)$$

使用例　平均時速を求める

30kmの距離を、最初の1/3の距離を6km/h、次の1/3の距離を5km/h、最後の1/3の距離を3km/hで歩いた場合の平均時速は、調和平均を利用すると求められます。ただしこの場合、距離の3等分が必須条件です。

統計 ▶ 平均値　　　　　　　　　　　　　　2007 2010 2013 2016

数値から異常値を除いて平均値を求める
TRIMMEAN

書　式：TRIMMEAN(配列 , 割合)

計算例：TRIMMEAN({-10,1,2,3,4,5,10} , 0.3)
数値 [-10] [1] [2] [3] [4] [5] [10] の30％に当たる2個（上下各1個）のデータを除き平均値 [3] を返す。

機能　TRIMMEAN関数は、データの中に飛び離れているデータが混ざっているような場合に、データ全体の上限と下限から一定の割合のデータを除いた残りの項（中間項）の平均値を計算します。

統計 ▶ 最大・最小
2007 *2010* *2013* *2016*

最大値を求める
MAX
MAXA

書 式：MAX([数値1] [, 数値2 ...])
[数値1][数値2]…の最大値を返す。

書 式：MAXA([値1] [, 値2 ...])
[値1][値2]…の文字列または論理値も含めた最大値を求める。

機能 数値の最大値を算出するMAX関数は、引数または引数として指定したセル参照に、文字列または論理値が含まれていても無視しますが、MAXA関数は、文字列や論理値も計算の対象に含み、文字列と[FALSE]は[0]、[TRUE]は[1]として計算します。

(使用例) 最高点を求める

次ページの表では、第16行にはMAX関数、第21行にはMAXA関数を用いて最高点を計算しています。
第16行では文字列を無視するので「欠席」を含まない人数での最高点が計算され、第21行では「欠席」を含んだ人数での最高点が計算されます。

統計 ▶ 最大・最小
2007 *2010* *2013* *2016*

最小値を求める
MIN
MINA

書 式：MIN([数値1] [, 数値2 ...])
[数値1][数値2]…の最小値を返す。

書 式：MINA([値1] [, 値2 ...])
[値1][値2]…の文字列または論理値も含めた最小値を求める。

機能 MIN 関数は数値の最小値を算出します。

MIN 関数は、引数または引数として指定したセル参照に、文字列または論理値が含まれていても無視されますが、MINA 関数は、文字列や論理値も計算の対象に含み、文字列と［FALSE］は［0］、［TRUE］は［1］として計算します。

使用例 最低点を求める

下表では、第 17 行には MIN 関数、第 22 行には MINA 関数を用いて最低点を計算しています。

第 17 行では文字列を無視するので「欠席」を含まない人数での最低点が計算され、第 22 行では「欠席」を含んだ人数での最低点が計算されています。

このように、MAX 関数 /MIN 関数では**「欠席者を含まない最低 / 最高点」**や**「休日を含まない最高 / 最低売上」**が、MAXA 関数 /MINA 関数では**「欠席者を含んだ最低 / 最高点」**や**「休日を含んだ最高 / 最低売上」**が求められます。

	A	B	C	D	E	F	G	H
1			必修	必修	必修	選択	選択	
2	番号	氏名	国語	数学	英語	物理	化学	総合
3	1	青山 克彦	60	85	50		50	245
4	2	加藤 京香	58	60	52		45	215
5	3	佐々木 浩	84	75	77	60		296
6	4	高橋 美穂	95	75	84	75		329
7	5	中村 武	100	100	90	100		390
8	6	橋本 麻里	75	25	65	50		215
9	7	松下 義昭	86	10	65		32	193
10	8	山崎 貴子	58	22	67		30	177
11	9	R.Johnson	39	65	95		70	269
12	10	渡辺 圭子	欠席	欠席	欠席	欠席	欠席	欠席
13	合計点	SUM	655	517	645	285	227	2,329
14	平均点	AVERAGE	72.8	57.4	71.7	71.3	45.4	258.8
15	受験者数	COUNT	9	9	9	4	5	9
16	最高点	MAX	100.0	100.0	95.0	100.0	70.0	390.0
17	最低点	MIN	39.0	10.0	50.0	50.0	30.0	177.0
18	SUM/AVERAGE		72.8	57.4	71.7	71.3	45.4	258.8
19	平均点	AVERAGEA	65.5	51.7	64.5	57.0	37.8	232.9
20	受験者数	COUNTA	10	10	10	5	6	10
21	最高点	MAXA	100.0	100.0	95.0	100.0	70.0	390.0
22	最低点	MINA	0.0	0.0	0.0	0.0	0.0	0.0
23	SUM/AVERAGEA		65.5	51.7	64.5	57.0	37.8	232.9

統計 ▶ メジアン・モード
2007 2010 2013 2016

中央値（メジアン）を求める
MEDIAN

書　式：MEDIAN(数値1 [, 数値2 ...])

計算例：MEDIAN(60 , 30 , 10 , 20 , 70 , 50 , 40)
数値 [60] [30] [10] [20] [70] [50] [40] の中央値 [40] を求める。

機能　MEDIAN 関数は、中央値（メジアン）、すなわちデータを順番に並べてちょうど中央にある数値を抽出します。

引数として指定した数値の個数が偶数である場合には、中央に位置する 2 つの数値の平均が返されます。

メジアンが平均値よりも大きければ、データは全体的には平均値よりも大きなほうに偏っていて、平均値より小さなほうに個数は少ないが大きな偏差でデータが分布しているということができます。メジアンが平均値よりも小さければ、データは全体的には平均値よりも小さなほうに偏っていて、平均値より大きなほうに個数は少ないが大きな偏差でデータが分布しているということができます。

統計 ▶ メジアン・モード
MODE 2007 2010 2013 2016
MODE.SNGL 2×07 2010 2013 2016

最頻値（モード）を求める
MODE（MODE.SNGL）

書　式：MODE(数値1 [, 数値2 ...])

計算例：MODE(60 , 30 , 10 , 20 , 60 , 50 , 50)
数値 [60] [30] [10] [20] [60] [50] [50] の最頻度（このうち最初のもの）[60] を求める。

機能　最頻値（モード）、すなわちデータ内でもっとも頻繁に出現する数値を抽出するには MODE 関数を使用します。最頻値となる数値が複数ある場合は、引数を評価していく順で、一番最初に最頻値となった数値が返されます。

統計 ▶ メジアン・モード

複数の最頻値（モード）を求める
MODE.MULT

書　式：MODE.MULT(数値1 [, 数値2 ...])

計算例：{MODE.MULT(60 , 30 , 10 , 20 , 60 , 50 , 50)}

数値 [60] [30] [10] [20] [60] [50] [50] のモード [60] [50] を求める。

機能 MODE 関数は、データ内で最初に見つかった最頻値を求めるため、他に同じ数だけ出現する値があっても抽出されません。これを改善したのが MODE.MULT 関数です。MODE.MULT 関数は、データ内に存在する複数の最頻値を求めることができます。

使用例 頻出する得点をすべて求める

MODE.MULT 関数を利用するときは、戻り値を表示するセルをあらかじめ複数選択しておきます。最頻値はいくつ存在するのかわからないので、多めにセル範囲を取っておくことを推奨します。このとき、セル範囲は縦方向に取ります。また、一度に戻り値を求めるので、関数を確定するときには Ctrl + Shift + Enter を押し、配列数式として入力します。下表に MODE 関数を利用した場合と MODE.MULT 関数を利用した場合の最頻値を示します。MODE.MULT 関数の戻り値に指定したセルが余った箇所には [#N/A] と表示されます。

{=MODE.MULT(A2:E7)}

統計 ▶ 個数

2007 2010 2013 2016

数値などの個数を求める
COUNT
COUNTA

書　式：COUNT(値1 [, 値2 ...])
　　　　[値1][値2]...の中に含まれる数値（や論理値）などの個数を求める。

書　式：COUNTA(値1 [, 値2 ...])
　　　　[値1][値2]...の中に含まれる数値や論理値、文字列の個数を求める。

機　能　引数としてセル範囲を指定した場合は、COUNT関数は「数値（シリアル値を含む）が入力されているセルの数」を数えます。COUNTA関数は「空白セル以外のすべてのセルの数」を数えます。空白セルを数える場合は、COUNTBLANK関数（P.98参照）を使用します。

使用例　セル参照と引数の直接入力

COUNT関数やCOUNTA関数は、データをセル参照で指定するか引数に直接入力するかで計算結果が異なります。

	A	B	C	D	E	F
1			COUNT		COUNTA	
2	種類	例	引数入力	セル参照	引数入力	セル参照
3	数値	100	1	1	1	1
4	日付	2007/1/1	1	1	1	1
5	論理値	TRUE	1	0	1	1
6	配列	{1,2,3}	3	0	3	1
7	数値に変換できる文字列	"$123"	1	0	1	1
8	数値に変換できない文字列	欠席	0	0	1	1
9	エラー値	#N/A	0	0	1	1
10	空白セル		0	0	1	0

📄25

解　説　● COUNT関数と AVERAGE関数、SUM関数との関係

COUNT関数とAVERAGE関数とそれに関連するものの対応関係は次のとおりです。参考にSUM関数も表中に記します。

空白セル含む	AVERAGE	COUNT	SUM
空白セル含まず	AVERAGEA	COUNTA	
条件に合致したセルのみ	AVERAGEIF	COUNTIF	SUMIF

統計 ▶ 個数

1つの検索条件を満たすセルの個数を求める
COUNTIF

書　式：COUNTIF(範囲 , 検索条件)

計算例：COUNTIF(A1:A10 , ">0")

セル範囲 [A1:A10] において「値が0より大きい数値の入力されたセルの個数」を返す。

機能　COUNTIF関数は、セル範囲を [範囲] に指定して、そのセル範囲に含まれるセルのうち、[検索条件] を満たすセルの個数を返します。

[検索条件] を指定するには、「引数に直接入力する」方法と、「条件を入力したセルを参照する」方法とがあります。

COUNTIF関数にワイルドカード（P.98Memo参照）を組み合わせるテクニックを使うと応用の幅が広がります。たとえば「*」を条件に指定すると、**「文字列が入力されたセルを数える」**ことができます。

使用例　特定の会社との取引回数を数える

表では、[B2:B21] の取引先リストの中に、セル [B23] の取引先の名前が表示される個数を、COUNTIF関数を利用して求めています。

`=COUNTIF(B2:B21,B23)`

統計 ▶ 個数　　　　　　　　　　2007 2010 2013 2016

複数の検索条件を満たすデータ数を求める
COUNTIFS

書　式：COUNTIFS(検索範囲1 , 検索条件1
　　　　　[, 検索範囲2 , 検索条件2 …])

計算例：COUNTIFS(A1:A10 , ">0"
　　　　　, ">50" , B1:B10)

セル範囲[A1:A10]において「セルの数値が0より大」でありかつ、セル範囲[B1:B10]において「セルの数値が50より大」であるデータの数(行数)を返す。

機　能　COUNTIFS関数は、「**複数の条件**に合うデータを数える」ことができます。COUNTIF関数では、「**1つの条件**に合うデータを数える」ことができました。

条件は127個まで追加できます。

条件が2個の場合、COUNTIFS関数を利用すると、[検索範囲1]の中で[検索条件1]を満たすものであって、かつ、[検索範囲2]の中で[検索条件2]を満たすセルの個数を返します。

このような計算を行うには、次ページ上段のように、まず複数の条件を判別した結果で1つのフラッグをたてておき、そのフラッグを使ってCOUNTIF関数で集計する方法がありますが、COUNTIFS関数を使えば、その手間が省けます。

使用例　国数英の3教科とも50点以上の人数を求める

次ページ下段では、「国語」の成績のセル範囲[C3:C12]のうち、50点以上のセルを検索し、その中で「数学」、そして「英語」について同様に50点以上のセルを検索して全教科50点以上の件数を求めています。

● COUNTIF 関数では...

=IF(AND(C3>=50,D3>=50,E3>=50),"○","")

複数条件の判別結果をまとめた合否評価行が必要です。

例外について考慮しないと失敗します。

=COUNTIF(G3:G12,"○")

● COUNTIFS 関数を使うと、こうできます！

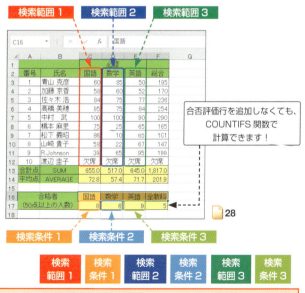

合否評価行を追加しなくても、COUNTIFS 関数で計算できます！

=COUNTIFS(C3:C12,">=50",D3:D12,">=50",E3:E12,">=50")

統計 ▶ 個数

2007 2010 2013 2016

空白のセルの個数を求める
COUNTBLANK

統計

書　式：COUNTBLANK(範囲)

計算例：COUNTBLANK(A1:A10)

セル範囲［A1:A10］の中の空白セルの個数を求める。

機能 COUNTBLANK 関数は、［範囲］に含まれる空白セルの個数を返します。［0］が含まれるセルは数えません。「空白セル以外」を数える場合は、COUNTA 関数を使用します。

Memo

ワイルドカードとセル数の求め方

COUNTIF 関数などでワイルドカードを利用すると、次のような条件にあてはまるセルを数えることができます。

● [?]（疑問符）：任意の1文字

「200?年」⇒　2000年から2009年までの文字
「???」　　⇒　任意の3文字

● [*]（アスタリスク）：任意の複数文字

「ABC*」　⇒　先頭に「ABC」がある文字列すべて
「*ABC」　⇒　末尾に「ABC」がある文字列すべて
「*ABC*」⇒　先頭・末尾を含めて内部に「ABC」がある文字列すべて

ワイルドカードを利用する方法は以下のとおりです。

数えたいセル	数える方法
数値入力セル	COUNT 関数（P.94 参照）
文字列入力セル	COUNTIF 関数で「*」を条件に設定
空白セル	COUNTBLANK 関数
空白セル以外のセル	COUNTA 関数（P.94 参照）

=COUNTIF(B2:B9,"*英*")

度数分布を求める
FREQUENCY

書　式：FREQUENCY(データ配列 , 区間配列)

計算例：{FREQUENCY(A1:A10 , C1:C5)}

セル範囲 [A1:A10] のデータから [C1:C5] の区間配列に従う度数分布を配列で返す。

機能 FREQUENCY 関数を利用すると、データの「度数分布」、すなわち、データの区間ごとにどれくらい出現しているかという表を、区間ごとのデータの個数の配列として求めることができます。その結果を棒グラフで表現したり、累積度数を折れ線グラフにしたりして利用します。

FREQUENCY 関数は、「縦方向の配列数式」として入力します。まず、結果を出力するセル範囲を選択します。このセル範囲は、データの度数分布に適用する「区間データ」の隣に設定します。

数式バーに関数を入力して、Ctrl+Shift+Enter を押すと、配列数式として選択したセル範囲にデータの度数分布が表示されます。配列数式については、Appendix 3 (P.309) を参照してください。

使用例 得点の度数分布を求める

下表では、試験の点数の度数分布を求めるために、セル範囲 [F3:F12] に配列数式として入力しています。

	A	B	C	D	E	F
1			必修			
2	番号	氏名	国語		階級	国語
3	1	青山 克彦	60		10	0
4	2	加藤 京香	58		20	0
5	3	佐々木 浩	84		30	0
6	4	高橋 美穂	95		40	1
7	5	中村　武	100		50	0
8	6	橋本 麻里	75		60	3
9	7	松下 義昭	86		70	0
10	8	山崎 貴子	58		80	2
11	9	R.Johnson	39		90	2
12	10	渡辺 圭子	75		100	2
13					合計	10

統計 ▶ 順位

RANK 2007 2010 2013 2016
RANK.EQ・RANK.AVG 2×7 2010 2013 2016

データの中の数値の順位を求める
RANK (RANK.EQ)
RANK.AVG

書　式：RANK(数値 , 範囲 [, 順序])
[数値] が [範囲] の中で [順序] (0または省略で降順、1は昇順) で指定したほうから数えて何番目になるかを求める。

書　式：RANK.AVG(数値 , 範囲 [, 順序])
[数値] が [範囲] の中で [順序] (0または省略で降順、1は昇順) で指定したほうから数えて何番目になるかを求める。

機能 RANK (RANK.EQ) 関数、および RANK.AVG 関数はいずれも [数値] が [範囲] の中で何番目に当たるのかを計算します。重複した数値は同じ順位とみなし、それ以降の順位を調整する点も同様です。

両者の違いは同順位の表示の仕方です。3番目のデータが3つある場合、RANK (RANK.EQ) 関数では、すべて「3」位と表示し、以降は6位から調整します。一方、RANK.AVG 関数は、3、4、5位の3つが同じデータとし順位の平均値「4」と表示し、以降は6位から調整します。

(使用例) テストの順位を求める

次ページの表では、学力テストの成績の順位を求めています。成績は得点の高いほうから順位を付けるので、[順序] は降順になり、降順の場合は [順序] の指定を省略できます。ここでは、6位の成績が2人いるため、RANK 関数では2人とも [6] 位と表示し、RANK.AVG 関数では、6位と7位の平均 [6.5] 位と表示しています。

Memo
引数
一部の関数の引数は、TRUE の代わりに1、FALESE の代わりに0を指定できます。

統計 ▶ 順位

2007 2010 2013 2016

指定した順位の数値を求める
LARGE
SMALL

書 式：LARGE(配列 , k)
[配列]の中で[k]番目に大きな値を求める。

書 式：SMALL(配列 , k)
[配列]の中で[k]番目に小さな値を求める。

機能 RANK関数は、データを降順または昇順で並べた場合に、[数値]が何番目に当たるのか、という「順位」を返しますが、LARGE関数（またはSMALL関数）は、[配列]の中で、何番目に大きい（または小さい）「データ」を出力します。

下の例では、LARGE関数を使って、指定した順位に相当する得点を求めています。これは、RANK（RANK.EQ）関数で求めた順位から得点を逆算していることになります。

=RANK(H3,$H$3:$H$11)

	A	B	C	D	E	F	G	H	I	J	K
1			必修			選択			順位		
2	番号	氏名	国語	数学	英語	物理	化学	総合	RANK	RANK.AVG	
3	1	青山 克彦	60	85	50		50	245	5	5	
4	2	加藤 京香	58	60	52		45	215	6	6.5	
5	3	佐々木 浩	84	75	77	60		296	3	3	
6	4	高橋 美穂	95	75	84	75		329	2	2	
7	5	中村 武	100	100	90	100		390	1	1	
8	6	橋本 麻里	75	25	65		50	215	6	6.5	
9	7	松下 義昭	86	10	65		32	193	8	8	
10	8	山崎 貴子	58	22	67		30	177	9	9	
11	9	R.Johnson	39	65	95		70	269	4	4	
12	順位	総合									
13	1	390									
14	2	329									
15	3	296									

RANK.AVG(H3,$H$3:$H$11)

=LARGE($H$3:$H$11,A13)

統計 ▶ 分位

QUARTILE 2007 2010 2013 2016
QUARTILE.INC・QUARTILE.EXC 2×7 2010 2013 2016

データの四分位数を求める
QUARTILE（QUARTILE.INC）
QUARTILE.EXC

書　式：QUARTILE(配列 , 戻り値)

計算例：QUARTILE({60 , 30 , 10 , 20 , 40} , 2)
　　　　 [60] [30] [10] [20] [40] の中央値 [30] を返す。

書　式：QUARTILE.EXC(配列 , 戻り値)

計算例：QUARTILE.EXC({60 , 30 , 10 , 20 , 40} , 30)
　　　　 [60] [30] [10] [20] [40] の上位4分の1を返す。

機能　QUARTILE（QUARTILE.INC）関数、および QUARTILE.EXC 関数は、[配列] に含まれるデータから下表の戻り値に対応する「四分位数」を抽出します。引数によっては、他の関数と同じ結果を返します。

[0]	最小値（= MIN 関数）
[1]	下位4分の1（25%）
[2]	中央値（50%）（= MEDIAN 関数）
[3]	上位4分の1（75%）
[4]	最大値（= MAX 関数）

(注) QUARTILE.EXC 関数では、[戻り値] の [0] と [4] は指定できません。

Memo

四分位と百分位

四分位数とは、データリストをデータの小さなほうからデータの数で 1/4 ずつ区切った場合の次のようなデータのことです。

・第一四分位点（Q1）：データ数で下から 1/4 のデータ
・第二四分位点（Q2）：データ数で下から 2/4 のデータ（=中央値）
・第三四分位点（Q3）：データ数で下から 3/4 のデータ

四分位数は、四分位偏差「=（Q3−Q1）/2」からデータの散らばり方を調べるのに利用されます。

百分位数とは、全体のデータを小さなほうからデータ数で数えてパーセント（百分率）で指定したデータのことです。

統計 ▶ 分位

PERCENTILE 2007 2010 2013 2016
PERCENTILE.INC・PERCNETILE.EXC 2×17 2010 2013 2016

データの百分位数を求める
PERCENTILE (PERCENTILE.INC)
PERCENTILE.EXC

書　式：PERCENTILE(配列 , 率)

計算例：PERCENTILE({60,30,10,20,40},0.5)

書　式：PERCENTILE.EXC(配列 , 率)

計算例：PERCENTILE.EXC({60,30,10,20,40},0.5)

　　　　[60][30][10][20][40]の50％値[30]を返す。

機能 PERCENTILE(PERCENTILE.INC)関数、およびPERCENTILE.EXC関数は、[配列]に含まれるデータを小さいほうから数えて[率]に指定した位置に相当する値を返します。たとえば、50％に位置する値は中央値に一致します。PERCENTILE.EXC関数では、[率]に指定できる範囲は0～1(ただし0と1は除く)です。

統計 ▶ 分位

PERCENTRANK 2007 2010 2013 2016
PERCENTRANK.INC・PERCNETRANK.EXC 2×17 2010 2013 2016

数値の位置を百分率で求める
PERCENTRANK (PERCENTRANK.INC)
PERCENTRANK.EXC

書　式：PERCENTRANK(配列 , X [, 有効桁数])

計算例：PERCENTRANK({60,30,10,20,40},30)

書　式：PERCENTRANK.EXC(配列 , X [, 有効桁数])

計算例：PERCENTRANK.EXC({60,30,10,20,40},30)

　　　　[60][30][10][20][40]の[30]の百分位[0.5]を返す。

機能 PERCENTRANK (PERCENTRANK.INC)関数、PERCENTRANK.EXC関数は、[x]が[配列]内のどの位置に相当するかを百分率(0～1)で求めます。なお、PERCENTRANK.EXC関数は0より大きく1より小さい百分率で求められます。

統計 ▶ 二次代表値

VAR・VARP・VARA・VARPA 2007 2010 2013 2016
VAR.S・VAR.P 2×7 2010 2013 2016

データの分散を求める

VAR（VAR.S）
VARP（VAR.P）
VARA
VARPA

書 式：VAR(数値1 [, 数値2 ...])
引数を母集団（全体）の標本（いくつかのサンプル）とみなして、母集団の分散の推定値（不偏分散）を求める。

書 式：VARP(数値1 [, 数値2 ...])
引数を母集団とみなして、その分散を求める。

書 式：VARA(数値1 [, 数値2 ...])
引数を（文字列や論理値も含めて）母集団の標本とみなして、母集団の分散の推定値（不偏分散）を求める。

書 式：VARPA(数値1 [, 数値2 ...])
引数を（文字列や論理値も含めて）母集団とみなして、その分散を求める。

機 能 分散も標準偏差と同様に、データの集まりの（平均値からの）「散らばりの程度」を調べる二次代表値です。個々のデータと平均値の差の値をそれぞれ2乗して、各値の合計をデータの個数で割って求めます。分散には、「標本分散」と「不偏分散」の2種類があります。

● VARP（VAR.P）関数

標本の場合は「標本分散」を求め、母集団の全データがある場合は「母集団の分散」を求めます。

$$= \frac{1}{n} \sum_{i=1}^{n} (x_i - \bar{x})^2$$

● VAR（VAR.S）関数

引数を母集団の標本とみなし、標本にもとづいて「母集団の分散の推定値」（不偏分散）を求めます。

$$= \frac{1}{n-1} \sum_{i=1}^{n} (x_i - \bar{x})^2$$

統計 ▶ 二次代表値

STDEV・STDEVP・STDEVA・STDEVPA **2007 2010 2013 2016**
STDEV.S・STDEV.P **2×17 2010 2013 2016**

データの標準偏差を求める

STDEV (STDEV.S)
STDEVP (STDEV.P)
STDEVA
STDEVPA

書　式：STDEV(数値1 [, 数値2 ...])
引数を母集団（全体）の標本（いくつかのサンプル）とみなして、母集団の標準偏差の近似値を求める。

書　式：STDEVP(数値1 [, 数値2 ...])
引数を母集団とみなして、その標準偏差を求める。

書　式：STDEVA(値1 [, 値2 ...])
引数を（文字列や論理値も含めて）母集団の標本とみなして、母集団の標準偏差の近似値を求める。

書　式：STDEVPA(値1 [, 値2 ...])
引数を（文字列や論理値も含めて）母集団とみなして、その標準偏差を求める。

機　能　標準偏差は、データの集まりの（平均値からの）「散らばりの程度」を調べる二次代表値です。標準偏差が小さいと、平均値の散らばりが小さいことを示します。標準偏差には、「標本標準偏差」と「標準偏差（不偏分散の平方根）」の2種類があります。

● STDEVP (STDEV.P) 関数
標本の場合は「標本標準偏差」を求め、母集団の全データがある場合は「母集団の標準偏差」を求めます。

$$= \sqrt{\frac{1}{n} \sum_{i=1}^{n} (x_i - \bar{x})^2}$$

● STDEV (STDEV.S) 関数
引数を母集団の標本とみなし、標本にもとづいて「母集団の標準偏差の近似推定値」を求めます。

$$= \sqrt{\frac{1}{n-1} \sum_{i=1}^{n} (x_i - \bar{x})^2}$$

統計 ▶ 偏差　　　　　　　　　　　2007 2010 2013 2016

数値の平均偏差を求める
AVEDEV

書　式：AVEDEV(数値1 [, 数値2 ...])

計算例：AVEDEV(9 , 10 , 11)
数値 [9]、[10]、[11] の平均偏差 [2/3] を求める。

機能 AVEDEV 関数は、平均偏差、すなわち「データ全体の平均値に対する個々のデータの絶対偏差の平均」を求めます。平均偏差は、データと次元が同じなので、標準偏差より手軽にデータのばらつきを調べることができます。不偏分散（P.104 参照）や標準偏差（P.105 参照）が広く使われるのに対し、平均偏差はあまり使われません。

$$\text{AVEDEV} = \frac{1}{n}\sum_{i=1}^{n}|x_i - \bar{x}|$$

統計 ▶ 偏差　　　　　　　　　　　2007 2010 2013 2016

数値の偏差平方和を求める
DEVSQ

書　式：DEVSQ(数値1 [, 数値2 ...])

計算例：DEVSQ(9 , 10 , 11)
数値 [9]、[10]、[11] の偏差平方和 [2] を求める。

機能 DEVSQ 関数は、平均値に対する個々のデータの偏差平方和を求めます。偏差平方和は分散や標準偏差を求める途中経過を示し、この段階までは標準偏差や分散の計算は同じなので、両方の数値を求める場合に便利です。

$$\text{DEVSQ} = \sum_{i=1}^{n}(x_i - \bar{x})^2$$

$$\frac{\text{DEVSQ}}{n} = \text{VARP} = \frac{1}{n}\sum_{i=1}^{n}(x_i - \bar{x})^2 = \frac{1}{n}\sum_{i=1}^{n}x_i^2 - \bar{x}^2$$

統計 ▶ 高次代表値

データの歪度を求める
SKEW

書 式：SKEW(数値1 , 数値2 , 数値3 [, 数値4 ...])

計算例：SKEW(10 , 20 , 40 , 60)
　　　　数値 [10] [20] [40] [60] の歪度 [0.48] を求める。

機能 SKEW 関数はデータの歪度、すなわち分布の平均値周辺での両側の非対称度を表す三次の代表値を算出します。

正の歪度は、最頻値が中央値より小さく負のほうへ偏り、正の方向へ長く延びる尾部を持つことを示し、負の歪度は、正のほうへ偏り最頻値が中央値より大きく、負の方向へ長く延びる尾部を持つことを示します。

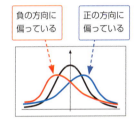

負の方向に偏っている　　正の方向に偏っている

統計 ▶ 高次代表値

データの歪度を求める（一般的な方式）
SKEW.P

書 式：SKEW.P(数値1 [, 数値2 ...])

計算例：SKEW.P(10 , 20 , 40 , 60)
　　　　数値 [10] [20] [40] [60] に含まれるデータの母集団をもとにする分布の歪度 [0.27] を求める。

機能 SKEW.P 関数は、一般的な定義（下式）の計算方法にもとづいて計算を行います。引数 [数値] で指定した値を、母集団全体の標準偏差を用いて、データの母集団をもとにする分布の歪度（分布の平均値周辺での、両側の非対称度を表す値）を求めます。

$$\text{歪度}\ \ v = \frac{1}{n}\sum_{i=1}^{n}\frac{x_i - \bar{x}}{\sigma}^3$$

統計 ▶ 高次代表値

データの尖度を求める
KURT

書　式：KURT(数値1, 数値2, 数値3, 数値4 [, 数値5 ...])

計算例：KURT(10 , 20 , 40 , 60)
数値 [10] [20] [40] [60] のデータの尖度 [-1.70] を求める。

機能 KURT 関数は、分布曲線の集中の鋭さを表す四次の代表値「尖度」を返します。この値が大きいほど、集中度が高くなります。

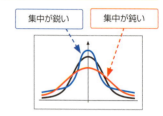
集中が鋭い　集中が鈍い

統計 ▶ 順列・確率

順列を求める
PERMUT

書　式：PERMUT(標本数 , 抜き取り数)

計算例：PERMUT(10 , 3)
[10] 個の標本の中から [3] 個を抜き出す順列の数、[720]（=10 × 9 × 8）を求める。

機能 PERMUT 関数は、あるデータから指定された個数を「順序を区別して抜き出す」ときの順列（パターン）を返します。あるデータから A と B を抜き出すときに、順序の違いを数に入れるのが PERMUT 関数、順序の違いを数に入れないのが COMBIN 関数（P.63 参照）です。

PERMUT 関数を数式で表現すると、次のようになります。

$$\text{PERMUT} = nPk = n \cdot (n-1) \cdot (n-2) \cdots (n-k+1) = \frac{n!}{(n-k)!}$$

統計 ▶ 順列・確率　　　2007 2010 2013 2016

確率変数が指定範囲に収まる確率を求める
PROB

書　式：PROB(x範囲 , 確率範囲 , 下限 [, 上限])

計算例：PROB(A1:A6 , B1:B6 , 1 , 2)
A1:A6= {1,2,3,4,5,6}、B1:B6= {1/6,1/6,1/6,1/6,1/6,1/6}
サイコロの目が［1］か［2］である確率［1/3］を求める。

機能　PROB関数は、離散確率分布において、任意の分布または確率密度関数の値とその区間とを入力し、任意の区間での部分合計を求めたり、数値を指定してその確率を抽出したりする関数です。この関数は、［x範囲］に含まれる値が発生する確率を［確率範囲］に記述して、［x範囲］に含まれる値が［上限］と［下限］との間に収まる確率を返します。

統計 ▶ 順列・確率　　　2x7 2x0 2013 2016

重複順列を求める
PERMUTATIONA

書　式：PERMUTATIONA(総数 , 抜き取り数)

計算例：PERMUTATIONA(3 , 2)
［3］つの対象の中から［2］つを重複を許して抜き取るとき、その重複順列の数［9］を返す。

機能　PERMUTATIONA関数は、［総数］から重複を許して［抜き取り数］個並べる重複順列を返します。たとえば、六面サイコロを2個投げて1回目と2回目を区別する場合、PERMUTATIONA（6,2）で、組み合わせは36通りになります。PERMUT関数と似ていますが、重複を許す、つまり抜き取ったものが同じでもよいなどの違いがあります。

統計 ▶ 二項分布

BINOMDIST 2007 2010 2013 2016
BIONOM.DIST 2×7 2010 2013 2016

二項分布の確率を計算する
BINOMDIST (BINOM.DIST)

書　式：BINOMDIST(成功数, 試行回数, 成功率, 関数形式)

計算例：BINOMDIST(2 , 3 , 1/6 , 0)
サイコロを [3] 回投げ [1] の目（いずれか1つの目）が [2] 回出る確率を求める。

機能 BINOMDIST（BINOM.DIST）関数は、二項分布の確率を求めます。[成功率] で示される確率で事象が発生する場合に、[試行回数] のうち [成功数] だけの事象が発生する確率を求めます。サイコロを投げて特定の目が出る [成功率] は [1/6] になります。なお、[関数形式] が [0] の場合は確率密度関数、[1] の場合は累積分布関数を求めます。

統計 ▶ 二項分布

2×7 2×0 2013 2016

二項分布を使用した試行結果の確率を求める
BINOM.DIST.RANGE

書　式：BINOM.DIST.RANGE(試行回数, 成功率, 成功数1 [, 成功数2])

計算例：BINOM.DIST.RANGE(50 , 0.8 , 35)
[80] %の確率で成功する事象が [50] 回の試行のうち、[35] 回起こる確率 [0.029918657] を求める。

機能 BINOM.DIST.RANGE 関数は、[確率] で起こる事象が、[試行回数] のうち [成功数1] から [成功数2] までの回数だけ起こる確率を求めます。[成功数2] を省略した場合は、[成功率1] で指定した確率を求めたい事象の下限の回数で求めます。たとえば、[80]%の確率で成功する事象が [50] 回の試行のうち、[成功数1] の [35] 回から [成功数2] の [40] 回までの間で起こる確率 [0.5254561641] が求められます。

$$\sum_{k=S}^{S2} \binom{N}{k} p^k (1-p)^{N-k}$$

統計 ▶ 二項分布

2×17 2×0 2013 2016

標準正規分布の密度の値を求める
PHI

書　式：PHI(値)

計算例：PHI(0.75)
標準正規分布の確率密度関数において、値 [0.75] に対する確率 [0.301137] を求める。

機能 PHI 関数は、[値] で指定した標準正規分布の密度の値を返します。[値] が無効な場合はエラー値 [#NUM!] を返します。

解説 この関数は、Excel 2010 以前では使用できませんが、NORM.S.DIST 関数（P.117 参照）の [関数形式] に [FALSE] を指定して求めることができます。

Memo

正規分布と二項分布と確率分布

●正規分布

正規分布（またはガウス分布）は、平均値の付近に集積するようなデータの分布を表した連続的な変数に関する確率分布です。正規分布は統計学や自然科学、社会科学のさまざまな場面で複雑な現象を簡単に表すモデルとして用いられています。

●二項分布

二項分布は、ある事象の結果が成功か失敗のいずれかである場合に、n 回の独立な試行の成功数で表される離散確率分布のことです。それぞれの試行における成功確率 p は一定であり、このような試行をベルヌーイ試行と呼びます。

●確率分布

確率分布は、確率変数の個々の値に対し、その起こりやすさを示すものです。たとえば、サイコロを 2 つ振ったとき、「2 つのサイコロの出た目の和（合計）」を確率変数といいます。この「2 つのサイコロの出た目の和」の出る確率を対応させた分布を指します。

合計	2	3	4	5	6	7	8	9	10	11	12
確率	1/36	2/36	3/36	4/36	5/36	6/36	5/36	4/36	3/36	2/36	1/36

統計 ▶ 二項分布

CRITBINOM 2007 2010 2013 2016
BINOM.INV 2×7 2010 2013 2016

二項分布確率が目標値以上になる最小の成功回数を求める
CRITBINOM（BINOM.INV）

書　式：CRITBINOM(試行回数 , 成功率 , 基準値α)
計算例：CRITBINOM(10 , 0.2 , 0.8)

不良品率 [20] ％の製品 [10] 個を抜き取って、[80] ％以上の確率で合格させるための最小許容数を求める。

機能 CRITBINOM（BINOM.INV）関数は二項分布の成功確率が基準値以上になるための最小の回数を返します。この回数を超えた場合には、目標とする確率は実現しないので、この成功回数は「最小許容回数」とみなせます。

逆に、この関数は BINOMDIST（BINOM.DIST）関数の逆関数値を超える最小の整数地を返すので、品質保証計算などに使用すると、部品の組立ラインで、ロット全体で許容できる欠陥部品数の最大値などを決定できます。

使用例　許容不良品数を求める

下表では、不良品の個数（成功回数）の最小値を、不良率（成功率）[p] と、抜き取る個数（試行回数）[n] から求めています。つまり、不良品の発生確率と抜き取り個数に対して、目標の合格率を達成するために**「許容できる不良品の最小値を求める」**という問題です。

I7　=CRITBINOM($J$1,$J$2,H7)

	G	H	I	J
1	試行回数[n]	検査回数		10
2	成功確率[p]	不良品率		20%
3	基準値[α]	不良品の最小許容値		α
4				
5			CRITBINOM	
6		0%		
7		10%	0.0	
8		20%	1.0	
9		30%	1.0	
10		40%	2.0	
11	α	50%	2.0	
12		60%	2.0	
13		70%	3.0	
14		80%	3.0	
15		90%	4.0	
16		100%		

📄 31

紙面版 電脳会議 DENNOUKAIGI 一切無料

今が旬の情報を満載して お送りします!

『電脳会議』は、年6回の不定期刊行情報誌です。A4判・16頁オールカラーで、弊社発行の新刊・近刊書籍・雑誌を紹介しています。この『電脳会議』の特徴は、単なる本の紹介だけでなく、著者と編集者が協力し、その本の重点や狙いをわかりやすく説明していることです。現在200号に迫っている、出版界で評判の情報誌です。

毎号、厳選ブックガイドもついてくる!!

『電脳会議』とは別に、1テーマごとにセレクトした優良図書を紹介するブックカタログ（A4判・4頁オールカラー）が2点同封されます。

電子書籍を読んでみよう！

技術評論社　GDP　　検索

と検索するか、以下のURLを入力してください。

https://gihyo.jp/dp

1 アカウントを登録後、ログインします。
【外部サービス(Google、Facebook、Yahoo!JAPAN)でもログイン可能】

2 ラインナップは入門書から専門書、趣味書まで1,000点以上！

3 購入したい書籍を 🛒カート に入れます。

4 お支払いは「**PayPal**」「**YAHOO!**ウォレット」にて決済します。

5 さあ、電子書籍の読書スタートです！

● **ご利用上のご注意**　当サイトで販売されている電子書籍のご利用にあたっては、以下の点にご容
■ **インターネット接続環境**　電子書籍のダウンロードについては、ブロードバンド環境を推奨いたします。
■ **閲覧環境**　PDF版については、Adobe ReaderなどのPDFリーダーソフト、EPUB版については、EP
■ **電子書籍の複製**　当サイトで販売されている電子書籍は、購入した個人のご利用を目的としてのみ、閲
　ご覧いただく人数分をご購入いただきます。
■ **改ざん・複製・共有の禁止**　電子書籍の著作権はコンテンツの著作権者にありますので、許可を得な

Software Design WEB+DB PRESS も電子版で読める

電子版定期購読が便利!

くわしくは、
「Gihyo Digital Publishing」
のトップページをご覧ください。

電子書籍をプレゼントしよう! 🎁

Gihyo Digital Publishing でお買い求めいただける特定の商品と引き替えが可能な、ギフトコードをご購入いただけるようになりました。おすすめの電子書籍や電子雑誌を贈ってみませんか?

こんなシーンで…　●ご入学のお祝いに　●新社会人への贈り物に　……

●**ギフトコードとは?**　Gihyo Digital Publishing で販売している商品と引き替えできるクーポンコードです。コードと商品は一対一で結びつけられています。

くわしい**ご利用方法**は、「Gihyo Digital Publishing」をご覧ください。

のインストールが必要となります。
を行うことができます。法人・学校での一括購入においても、利用者1人につき1アカウントが必要となり、
への譲渡、共有はすべて著作権法および規約違反です。

電脳会議
紙面版
新規送付のお申し込みは…

ウェブ検索またはブラウザへのアドレス入力の
どちらかをご利用ください。
Google や Yahoo! のウェブサイトにある検索ボックスで、

| 電脳会議事務局 | 検 索 |

と検索してください。
または、Internet Explorer などのブラウザで、

https://gihyo.jp/site/inquiry/dennou

と入力してください。

「電脳会議」紙面版の送付は送料含め費用は
一切無料です。
そのため、購読者と電脳会議事務局との間
には、権利&義務関係は一切生じませんので、
予めご了承ください。

技術評論社　電脳会議事務局
〒162-0846　東京都新宿区市谷左内町21-13

統計 ▶ その他の離散分布

NEGBINOMDIST 2007 2010 2013 2016
NEGBINOM.DIST 2×7 2010 2013 2016

負の二項分布の確率を計算する
NEGBINOMDIST
NEGBINOM.DIST

書 式：NEGBINOMDIST(失敗数 , 成功数 , 成功率)

計算例：NEGBINOMDIST(0 , 1 , 1/6)
サイコロを振って目的の目が [1] 回目に出る確率 [1/6] を求める。

書 式：NEGBINOM.DIST(失敗数 , 成功数 , 成功率 , 関数形式)

計算例：NEGBINOM.DIST(3 , 1 , 1/6 , TRUE)
サイコロを振って4回振って目的の目が [1] 回は出る確率 [0.517747] を求める。

機能 NEGBINOMDIST 関数は、NEGBINOM.DIST 関数の [関数形式] が [FALSE] の場合と同等で、負の二項分布の確率を返します。試行の [成功率] が一定のとき、[成功数] で指定した回数の試行が成功するまでに [失敗数] で指定した回数の試行が失敗する確率を計算します。なお、NEGBINOM.DIST 関数では、[関数形式] の選択が可能なので、累積分布 [FALSE] の値も求められます。

使用例 サイコロの目の出方

下表では、サイコロを振って目的の目が1回出るまでに他の目が出る失敗の確率とその累積を求めています。累積にはNEGBINOM.DIST 関数を利用します。

統計 ▶ その他の離散分布

HYPGEOMDIST 2007 2010 2013 2016
HYPGEOM.DIST 2×7 2010 2013 2016

超幾何分布の確率を計算する
HYPGEOMDIST
HYPGEOM.DIST

書　式：HYPGEOMDIST(標本の成功数, 標本の大きさ, 母集団の成功数, 母集団の大きさ)

計算例：HYPGEOMDIST(3 , 5 , 5 , 100)
不良品が [5] 個発生する製品 [100] 個から [5] 個を抜き取る検査で、不良品が [3] 個になる確率を求める。

書　式：HYPGEOM.DIST(標本の成功数, 標本の大きさ, 母集団の成功数, 母集団の大きさ, 関数形式)

計算例：HYPGEOMDIST(3 , 5 , 5 , 100 , 1)
不良品が [5] 個発生する製品 [100] 個から [5] 個を抜き取る検査で、不良品が [3] 個以内になる確率を求める。

機能 HYPGEOMDIST 関数は、HYPGEOM.DIST 関数の [関数形式] が [0] の場合と同等で、超幾何分布の確率を返します。超幾何分布は、一定の母集団を対象とした、それぞれの事象が成功または失敗のいずれかのような二分できるもので、標本は無作為に抽出される試行の分析に使います。ただしこの試行は、CRITBINOM 関数などで利用されているベルヌーイ試行ではありません。

超幾何分布では、指定された [標本数]、[母集団の成功数]、[母集団の大きさ] から、一定数の標本が成功する確率を計算します。なお、HYPGEOM.DIST 関数では、[関数形式] の選択が可能なので、累積分布（[1]）の値も求められます。

Memo
互換性関数
Excel ではより精度の高い関数が導入され、以前と計算結果が異なる、互換性がなくなる際には前の精度の低いものを互換性のために残しておきます。たとえば POISSON は POISSON.DIST の互換性関数です (P.115 参照)。

統計 ▶ その他の離散分布

POISSON 2007 2010 2013 2016
POISSON.DIST 2×7 2010 2013 2016

ポアソン分布の確率を計算する
POISSON (POISSON.DIST)

書　式：POISSON(イベント数 , 平均 , 関数形式)

計算例：POISSON(3 , 1% , 0)

タクシーが1カ月に起こす事故が、[100]台のうち[3]台以下である確率を求める。

機能 POISSON(POISSON.DIST) 関数はポアソン確率分布の値を返します。ポアソン分布は、事象の発生率が低く、発生率が一定であって、発生がそれぞれ独立した要因で起こるような場合の予測に利用されます。ポアソン分布に従う事象を「ポアソン過程」と呼びます。計算が二項分布よりも簡単なこともあり、次のような事象の確率予想に利用します。

- 1日当たりの交通事故死亡者数
- 1分当たりの放射性同位元素の核崩壊数
- 溶接欠陥の発生数

[関数形式] が [0] の場合は確率密度関数、[1] の場合は累積分布関数を返します。

(使用例) タクシーの事故率を求める

下表では、100台のタクシーを運行しているタクシー会社の事故率が1台/月である場合、月間事故台数の確率分布を求めています。たとえば「**1カ月の事故が3台以下である確率を求める**」には、セル [C8] に「=POISSON($A8, $C$4,1)」と入力します。その結果は、98.1% となります。

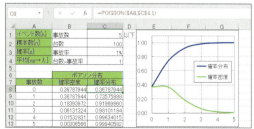

統計 ▶ 正規分布

NORMDIST 2007 2010 2013 2016
NORM.DIST 2❌7 2010 2013 2016

正規分布の確率を求める
NORMDIST (NORM.DIST)

書 式：NORMDIST(x , 平均 , 標準偏差 , 関数形式)

計算例：NORMDIST(x , 0 , 1 , 1)

平均値［0］、標準偏差［1］の正規累積分布関数の変数［x］に対する値を返す。

機能 NORMDIST（NORM.DIST）関数は［平均］と［標準偏差］に対する正規分布関数の値を返します。この関数以降に解説する関数は、「連続分布」の関数です。この関数は、仮説検定をはじめとする統計学の幅広い分野に応用されます。

［関数形式］が［0］の場合は確率密度関数、［1］の場合は累積分布関数を返します。正規分布の確率密度関数は、「μ ＝平均値」「σ ＝標準偏差」として、次の式で定義されます。

x：変数、μ：平均値、σ：標準偏差

$$\text{NORMDIST}(x,\mu,\sigma;0) = N(x;\mu,\sigma) = \frac{1}{\sqrt{2\pi}\sigma} e^{-\left(\frac{(x-\mu)^2}{2\sigma^2}\right)}$$

$$\text{NORMDIST}(x,\mu,\sigma;1) = \int_0^x \frac{1}{\sqrt{2\pi}\sigma} e^{-\left(\frac{(x-\mu)^2}{2\sigma^2}\right)} dx$$

下表に、標準偏差を変えた場合の正規分布の形を示します。［平均］＝［0］かつ［標準偏差］＝［1］で［関数形式］＝［1］の場合、標準正規分布の累積分布関数の値を求めるNORMSDIST関数（P.117参照）と、同じ結果になります。

統計 ▶ 正規分布

NORMSDIST 2007 2010 2013 2016
NORM.S.DIST 2×17 2010 2013 2016

標準正規分布の確率を求める
NORMSDIST
NORM.S.DIST

書式例：NORMSDIST(値)

計算例：NORMSDIST(0)

標準正規分布の累積分布関数において、変数 [0] に対する累積確率 [0.5] を返す。

書式例：NORM.S.DIST(値 , 関数形式)

計算例：NORM.S.DIST(0 , FALSE)

標準正規分布の確率密度関数において、[FALSE] に対する確率 [0.398942] を返す。

機能 NORMSDIST 関数は、NORM.S.DIST 関数の [関数形式] が [TRUE] と同等で、標準正規分布の累積分布関数の値を計算します。この分布は、[平均] = [0]、[標準偏差] = [1] である正規分布に対応します。統計の計算によく利用される正規分布表の代わりに利用できる関数です。

正規分布は、平均と標準偏差の2つのパラメータに依存していますが、標準正規分布は1つの引数 [値] だけに依存しており、非常に簡単な数式で表されます。

$$\text{NORMDIST}(x, \mu, \sigma; 1) = \int_0^x \frac{1}{\sqrt{2\pi}\sigma} e^{-\left(\frac{(x-\mu)^2}{2\sigma^2}\right)} dx,\ z = \frac{x-\mu}{\sigma}, \mu = 0, \sigma = 1 \Rightarrow$$

$$\text{NORMSDIST}(z) = \text{NORMDIST}(z; 0, 1; 1) = n(z) = \int_0^z \frac{1}{\sqrt{2\pi}} e^{-\left(\frac{z^2}{2}\right)} dx$$

なお、NORM.S.DIST 関数は、[関数形式] を選択することが可能です。[関数形式] が [FALSE] の場合は確率密度関数の値を、[TRUE] の場合は累積分布関数の値を求められます。

統計 ▶ 正規分布　　　　　　　　　　2×7　2×０　2013　2016

指定した標準偏差の範囲になる確率を求める
GAUSS

書　式：GAUSS(値)

計算例：GAUSS(4)

標準正規の母集団に含まれるメンバーが、平均と平均から標準偏差の4倍の範囲になる確率［0.49379］を返す。

機能　GAUSS関数は、標準正規母集団のメンバーが、平均と平均から標準偏差の［値］倍の範囲になる確率を返します。

解説　この関数は、Excel 2010以前では使用できませんが、NORM.S.DIST関数（P.117参照）で代用可能です。
GAUSS（値）は常にNORM.S.DIST（値,TRUE）よりも0.5大きい値を返すので、「NORM.S.DIST（値,TRUE）−0.5」で求めることができます。

統計 ▶ 正規分布　　　NORMSINV　2007　2010　2013　2016
　　　　　　　　　　　　NORM.S.INV　2×7　2010　2013　2016

標準正規分布の累積分布関数の逆関数値を求める
NORMSINV（NORM.S.INV）

書　式：NORMSINV(確率)

計算例：NORMSINV(0.9)

標準正規分布における確率［0.9］に対する累積分布関数の逆関数値［1.281552］を返す。

機能　NORMSINV（NORM.S.INV）関数は、NORMSDIST関数（P.117参照）の逆関数の値を計算します。［p］＝NORMSDIST（x）のとき、NORMSINV（p）＝［x］となります。

［確率］に数値以外の値を指定すると、エラー値［#VALUE!］が返されます。

［確率］<=0または［確率］>=1の場合は、エラー値［#NUM!］が返されます。

統計 ▶ 正規分布

NORMINV 2007 2010 2013 2016
NORM.INV 2×17 2010 2013 2016

正規分布の累積分布関数の逆関数値を求める
NORMINV (NORM.INV)

書　式：NORMINV(確率 , 平均 , 標準偏差)

計算例：NORMINV(0.8 , 0 , 1)

平均［0］、標準偏差［1］の正規累積分布関数において、確率［0.8］のとき、逆関数値［0.8416］を返す。

機能　NORMINV（NORM.INV）関数は［平均］と［標準偏差］に対する正規累積分布関数の逆関数の値を計算します。この関数は、たとえば「ある推定が95％以上正しい」というには、変動値［x］はどの範囲に収まっていなければならないかという「仮説検定」に利用されます。

［平均］＝［0］、かつ［標準偏差］＝［1］である場合、標準正規分布の累積分布関数であるNORMSDIST関数（P.117参照）の逆関数の値が計算されます。

x：確率　μ：平均値　σ：標準偏差

$$\mathrm{NORMINV}(x, \mu, \sigma) = x = F^{-1}(y)$$

統計 ▶ 正規分布

2007 2010 2013 2016

標準正規分布に変換する標準化変量を求める
STANDARDIZE

書　式：STANDARDIZE(x , 平均 , 標準偏差)

計算例：STANDARDIZE(x , 2 , 2)

平均値［2］、標準偏差［2］の正規分布上の変数［x］を、標準正規分布上の値に変換する標準化変量を返す。

機能　STANDARDIZE関数は、正規分布の標準化変量で、［平均］と［標準偏差］で決定される分布を、［平均］＝［0］かつ［標準偏差］＝［1］である標準正規分布に変換します。

$$z = \frac{x - \mu}{\sigma}$$

x　：確率
μ　：平均値
σ　：標準偏差

統計 ▶ 指数・対数分布

LOGNORMDIST 2007 2010 2013 2016
LOGNORM.DIST 2×7 2010 2013 2016

対数正規分布の確率を求める
LOGNORMDIST
LOGNORM.DIST

書 式：LOGNORMDIST(x , 平均 , 標準偏差)
[平均][標準偏差]で決まる対数正規分布において変数[x]に対する累積確率を求める。

書 式：LOGNORM.DIST(x , 平均 , 標準偏差 , 関数形式)
[平均][標準偏差]で決まる対数正規分布において変数[x]に対し、[関数形式]に応じた確率または累積確率を求める。

機 能 LOGNORMDIST 関数は、対数正規分布の累積分布関数の値を計算します。[x]ではなく[ln(x)]の[平均]と[標準偏差]による正規型分布です。所得が対数正規分布をするのは有名な例で、対数を取ると、ほぼ対称的に分布します。なお、LOGNORM.DIST 関数は、[関数形式]の選択が可能なので、関数形式が[0]の場合は確率密度を、[1]の場合は累積確率を求められます。

統計 ▶ 指数・対数分布

LOGINV 2007 2010 2013 2016
LOGNORM.INV 2×7 2010 2013 2016

対数正規分布の累積分布関数の逆関数値を求める
LOGINV (LOGNORM.INV)

書 式：LOGINV(x , 平均 , 標準偏差)
計算例：LOGINV(0.1 , 1 , 1)
平均値[1]、標準偏差[1]の対数正規分布の累積分布関数の、確率[0.1]に対する逆関数値[0.75]を返す。

機 能 LOGINV 関数は、対数正規累積分布関数の逆関数を計算します。[p]=LOGNORMDIST (x, 平均, 標準偏差) のとき、[x]=LOGINV (p, 平均, 標準偏差) となります。

統計 ▶ 指数・対数分布

EXPONDIST 2007 2010 2013 2016
EXPON.DIST 2✕7 2010 2013 2016

指数分布の確率分布を求める
EXPONDIST (EXPON.DIST)

書 式：EXPONDIST(x , λ , 関数形式)

計算例：EXPONDIST(x , 1/3 , 1)

故障率 [1/3] の指数分布の累積分布関数の変数 [x] に対応する確率値を返す。

機能 EXPONDIST (EXPON.DIST) 関数は、指数分布の確率密度関数と累積分布関数を計算します。[関数形式] が [0] の場合は確率密度関数、[1] の場合は累積分布関数を返します。指数分布の確率密度関数と累積分布関数は次の数式で表されます。

> x：変数　λ：故障率
>
> $$\text{EXPONDIST}(x;\lambda,0) = f(x;\lambda) = \lambda e^{-\lambda x}$$
>
> $$\text{EXPONDIST}(x;\lambda,1) = F(x;\lambda) = \int_0^x \lambda e^{-\lambda x} dx = 1 - e^{-\lambda x}$$

この関数は、銀行での客1人に対する応対時間など、イベントの「間隔」をモデル化する場合に使用します。たとえば、EXPONDIST 関数を使って、ある処理が一定時間以内に終了する確率を算出することもできます。このように、自分の番がくるまでどのくらいの時間がかかるのかを定量的に求めることを「待ち行列理論」といいます。

指数分布は、定常状態にある機器の故障までの時間や寿命などの算出に利用します。この場合、[λ] は故障率を表し、変数 [x] の期待値である [1/λ] は「MTBF (Mean Time Between Failures)」と呼ばれ、寿命または平均故障間隔として利用されます。

また、ポアソン過程（P.115 参照）において、ポアソン分布が発生頻度を表すのに対し、指数分布はその間の平均時間、たとえば「待ち時間」などを表します。

統計 ▶ 拡張分布

BETADIST 2007 2010 2013 2016
BETA.DIST 2×7 2010 2013 2016

ベータ分布の確率を求める
BETADIST
BETA.DIST

書 式：BETADIST(x , α , β [, A] [, B])

パラメータ（α, β）で決まるベータ分布において変数 [x] の累積確率を求める。

書 式：BETA.DIST(x , α , β , 関数形式 [, A] [, B])

パラメータ（α, β）で決まるベータ分布において変数 [x] に対し、[関数形式] に応じた確率、または、累積確率を求める。

機 能 BETADIST関数は、β分布の累積分布関数を計算します。β分布は、α＝β＝1のとき一様分布になり、（α, β）を変更して様々な分布を表現することができます。

なお、BETA.DIST関数は、[関数形式] の選択が可能なので、関数形式が [0] の場合は確率密度を、[1] の場合は累積確率を求められます。

統計 ▶ 拡張分布

BETAINV 2007 2010 2013 2016
BETA.INV 2×7 2010 2013 2016

ベータ分布の累積分布関数の逆関数値を求める
BETAINV（BETA.INV）

書 式：BETAINV(確率 , α , β [, A] [, B])

計算例：BETAINV(0.3 , 1.0 , 0.5)

パラメータ（α, β）＝（1.0,0.5）の区間 [0,1] におけるβ分布の、累積確率＝0.3における変数xを求める。

機 能 BETAINV（BETA.INV）関数はβ分布の累積分布関数の逆関数の値を計算します。[p] ＝BETADIST (x, α, β [,A][,B]) のとき、[x] ＝BETAINV (p, α, β [,A][,B]) となります。

統計 ▶ 拡張分布

ガンマ関数の値を算出する
GAMMA

書　式：GAMMA(数値)

計算例：GAMMA(2.2)

数値［2.2］のときのガンマ関数の値［1.101802491］を返す。

機能　GAMMA関数は、引数［数値］からガンマ関数の値を返します。

解説　GAMMA関数はExcel 2010以前では使用できませんが、EXP関数（P.70参照）とGAMMALN関数（P.125参照）を組み合わせて、計算例の代わりに「=EXP(GAMMALN(2.2))」で求めることができます。ガンマ関数は積分計算で利用され、以下の数式で求めます。数値が負の整数または0の場合は、エラー値［#NUM!］が返されます。

0.008から6までの間と任意の［数値］の、ガンマ関数の値を求めます。

$$\Gamma_{(n)} = \int_0^\infty e^{-t} t^{n-1} dt$$

$$\Gamma(n+1) = n \times \Gamma(n)$$

	値(n)	Γ(n)
2	0.008	124.4306
3	0.01	99.4325
4	0.02	49.44221
5	0.04	24.46096
6	0.06	16.14573
7	0.08	11.99657
8	0.1	9.513508
9	0.2	4.590844
10	0.4	2.21816
11	0.6	1.489192
12	0.8	1.16423
13	1	1
14	1.2	0.918169
15	1.4	0.887264
16	1.6	0.893515
17	1.8	0.931384
18	2	1
19	2.2	1.101802
20	2.4	1.242169
21	2.6	1.429625

ガンマ関数のグラフ

統計 ▶ 拡張分布

GAMMADIST 2007 2010 2013 2016
GAMMA.DIST 2✕7 2010 2013 2016

ガンマ分布関数の値を算出する
GAMMADIST (GAMMA.DIST)

書 式：GAMMADIST(x , α , β , 関数形式)

計算例：GAMMADIST(0.2 , 1.5 , 0.5 , 0)

パラメータ（α, β）=（1.5,0.5）のガンマ分布の、変数 x=0.2 の場合の確率を求める。

機能 GAMMADIST（GAMMA.DIST）関数はガンマ分布関数を計算します。ガンマ関数は、指数分布の拡張型の分布であり、ベータ関数以上にいろいろな分布を表現できるので、正規分布に従わないデータの分析を行うことができます。[関数形式]が[0]の場合は確率密度関数、[1]の場合は累積分布関数を返します。ガンマ分布は次の式で与えられます。β=1 の場合は標準ガンマ分布と呼ばれます。α=1 の場合は指数分布に戻ります。

$$f(x;\alpha,\beta) = \frac{1}{\beta^{\alpha}\Gamma(\alpha)} x^{\alpha-1} e^{-\frac{x}{\beta}} \quad \beta=1: \ f(x;\alpha) = \frac{x^{\alpha-1}e^{-x}}{\Gamma(\alpha)}$$

$$\alpha=1, \lambda=\frac{1}{\beta}: \ f(x;\lambda) = \lambda e^{-\lambda x}$$

統計 ▶ 拡張分布

WEIBULL 2007 2010 2013 2016
WEIBULL.DIST 2✕7 2010 2013 2016

ワイブル分布の値を算出する
WEIBULL (WEIBULL.DIST)

書 式：WEIBULL(x , α , β , 関数形式)

計算例：WEIBULL(0.5 , 4.0 , 1.0 , 0)

パラメータ（α, β）=（4,1）のワイブル分布の、変数 x=0.5 の場合の確率を求める。

機能 WEIBULL（WEIBULL.DIST）関数はワイブル分布の確率密度関数と累積分布関数を計算します。[関数形式]が[0]の場合は確率密度関数、[1]の場合は累積分布関数を返します。ワイブル分布の確率密度関数と累積分布関数は次の数式で表されます。

$$f(x;\alpha,\beta) = \frac{\alpha}{\beta^\alpha} x^{\alpha-1} e^{-\left(\frac{x}{\beta}\right)^\alpha} \qquad F(x;\alpha,\beta) = 1 - e^{-\left(\frac{x}{\beta}\right)^\alpha}$$

ここで [α] = [1] とすると [λ] = [1/β] の関係式で指数分布に一致するので、この分布も、指数分布の拡張分布です。ワイブル分布は、故障率が経年変化で増大する場合や、死亡率が老化で増加する場合に利用されます。

統計 ▶ 拡張分布

GAMMAINV 2007 2010 2013 2016
GAMMA.INV 2×7 2010 2013 2016

ガンマ累積分布関数の逆関数の値を算出する
GAMMAINV (GAMMA.INV)

書 式：GAMMAINV(確率 , α , β)

計算例：GAMMAINV(0.9 , 1.5 , 0.5)

パラメータ (α, β) = (1.5, 0.5) のガンマ分布の、確率0.9 に対応する変数 x を求める。

機 能 GAMMAINV (GAMMA.INV) 関数は、ガンマ累積分布関数の逆関数の値を返します。つまり、[p] =GAMMADIST (x, α, β) のとき、GAMMAINV (p, α, β) は [x] です。

統計 ▶ 拡張分布

GAMMALN 2007 2010 2013 2016
GAMMALN.PRECISE 2×7 2010 2013 2016

ガンマ関数の値の自然対数を算出する
GAMMALN (GAMMALN.PRECISE)

書 式：GAMMALN(x)

計算例：GAMMALN(0.1)

変数 [0.1] に対応するガンマ関数の対数値を求める。

機 能 GAMMALN (GAMMALN.PRECISE) 関数は、ガンマ関数の値の自然対数を返します。次の数式で表せます。

$$GAMMLN = LN(\Gamma(x)), \quad \Gamma(x) = \int_0^\infty e^{-u} u^{x-1} du$$

統計 ▶ 検定

CONFIDENCE 2007 2010 2013 2016
CONFIDENCE.NORM 2x07 2010 2013 2016

正規分布に従うデータから母平均の片側信頼区間の幅を求める
CONFIDENCE（CONFIDENCE.NORM）

書 式：CONFIDENCE(σ , 標準偏差 , 標本の大きさ)

計算例：CONFIDENCE(0.05 , 2 , 30)

危険率を[0.05]と仮定した場合、標本の大きさ[30]、標準偏差[2]の場合の片側信頼区間の幅は[0.72]となる。

機 能 CONFIDENCE（CONFIDENCE.NORM）関数は、正規母集団の大標本から平均値を求めた場合、その平均値が間違えている危険率がαあるとした場合の信頼区間の1/2幅を求めます。たとえば、95%信頼区間は次の数式で表されます。

$$\bar{x} \pm 1.96 \left(\frac{\sigma}{\sqrt{n}} \right)$$

統計 ▶ 検定

2x07 2010 2013 2016

t分布に従う標本から母平均の片側信頼区間の幅を求める
CONFIDENCE.T

書 式：CONFIDENCE.T(σ , 標準偏差 , 標本の大きさ)

計算例：CONFIDENCE.T(0.05 , 2 , 5)

危険率[0.05]と仮定した場合、標本の大きさ[5]、標準偏差[2]の場合の片側信頼区間の幅は[2.48]となる。

機 能 CONFIDENCE.T関数は、データ数の少ない小標本をもとに、母平均を推定するための信頼区間の1/2幅を求めます。

使用例 小標本と大標本による母平均の95%信頼区間幅

次ページの例では、CONFIDENCE.T関数とCONFIDENCE（CONFIDENCE.NORM）関数を利用して、危険率5%における、データ数に応じた片側信頼区間の幅を求めています。

=CONFIDENCE.T(0.05,G2,A2)

	A	B	C	D	E	F	G	H	I
1	データ数	データ群					標準偏差	CONFIDENCE.T	CONFIDENCE
2	5	0.31	1.20	0.42	-0.96	-2.01	1.272385	1.57987462	1.115274114
3	10	-0.85	-0.34	0.11	-1.23	-0.89	0.946093	0.67679408	0.586383671
4	15	-2.46	0.79	-2.06	-0.83	0.53	1.108115	0.613653618	0.560773244
5	20	-0.13	0.86	-0.06	-0.97	0.65	1.044714	0.488941252	0.457857731
6	25	-0.52	0.20	1.14	-1.19	-2.48	1.088288	0.449223125	0.426600979
7	30	2.28	-1.61	-0.15	-0.92	1.01	1.164006	0.434646852	0.416526418
8	35	-2.38	-1.06	-2.30	0.23	0.86	1.204419	0.413732418	0.399017261

=CONFIDENCE(0.05,G2,A2)

統計 ▶ 検定

TDIST 2007 2010 2013 2016
T.DIST.RT・T.DIST.2T 2×17 2010 2013 2016

t分布の上側、または、両側確率を求める

TDIST

T.DIST.RT

T.DIST.2T

書　式：TDIST(x , 自由度 , 尾部)
指定した[自由度]のt分布から[x]に対応する上側、または、両側確率(どちらにするかは[尾部]で指定)を求める。

書　式：T.DIST.RT(x , 自由度)
指定した[自由度]のt分布から[x]に対応する上側確率を求める。

書　式：T.DIST.2T(x , 自由度)
指定した[自由度]のt分布から[x]に対応する両側確率を求める。

機能　TDIST関数は、スチューデントのt分布の確率を返します。t分布は、分散の推定や検定に利用するもので、主にt検定で利用します。[尾部]によって、片側確率[1]ま

たは両側確率［2］が返されます。

なお、T.DIST.RT 関数と T.DIST.2T 関数は TDIST 関数の機能が分解された関数です。T.DIST.RT 関数は［尾部］が［1］の TDIST 関数、T.DIST.2T 関数は［尾部］が［2］の TDIST 関数と同等です。確率密度関数は次のようになります。

$$x = \frac{u}{\sqrt{\frac{v}{n}}} \Rightarrow f(x) = \frac{1}{\sqrt{n\pi}} \frac{\Gamma\left(\frac{n+1}{2}\right)}{\Gamma\left(\frac{n}{2}\right)} \left(1+\frac{x^2}{n}\right)^{-\frac{n+1}{2}}$$

統計 ▶ 検定

TINV 2007 2010 2013 2016
T.INV.2T 2x7 2010 2013 2016

t分布の両側確率から上側の確率変数を求める
TINV（T.INV.2T）

書式：TINV(両側確率 , 自由度)

機能 TINV（T.INV.2T）関数は、TDIST（T.DIST.2T）関数の両側分布の逆関数を返すので、次のような関係が成り立ちます。この関数は、t 分布表として利用できます。

　　［p］＝TDIST(x) であるとき、TINV(p)＝［x］

統計 ▶ 検定

2x7 2010 2013 2016

t分布の確率を求める
T.DIST

書式：T.DIST(x , 自由度 , 関数形式)

機能 T.DIST 関数は、t 検定で利用する t 分布の確率密度関数と下側確率を返します。確率密度関数を求める場合は、関数形式を［0］、下側確率を求める場合は、関数形式を［1］に指定します。

解説 確率の合計は［1］になることから、同じ［x］［自由度］

を指定した T.DIST 関数と TDIST(T.DIST.RT)関数には次の関係が成り立ちます。

T.DIST(x, 自由度, 1) + TDIST(x, 自由度, 1) = 1

使用例 t分布

下例は自由度 2 と 30 の t 分布と標準正規分布です。t 分布も正規分布同様、左右対称の釣鐘型の波形であり、自由度が高くなると正規分布に近づきます。

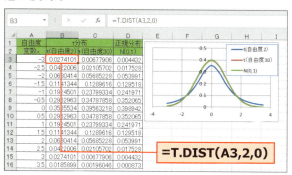

統計 ▶ 検定

t分布の下側確率から確率変数を求める T.INV

書 式: T.INV(下側確率 , 自由度)

機能 T.INV 関数は、T.DIST 関数の逆関数を返します。つまり、

[p] = T.DIST(x, 自由度, 1) であるとき、

T.INV(p, 自由度) = [x]

という関係が成り立ちます。

解説 この関数は Excel 2007 では使用できませんが、TINV 関数で代用可能です。TINV 関数は Excel 2010 以降でも下位互換性のために引き続き利用可能です。しかし、互換性維持の必要がない場合はより計算精度の高い T.INV 関数を使用したほうがよいでしょう。

統計 ▶ 検定

TTEST 2007 2010 2013 2016
T.TEST 2×7 2010 2013 2016

t検定の確率を求める
TTEST（T.TEST）

書 式：TTEST（ 配列1 , 配列2 , 尾部 , 検定の種類 ）

機能 スチューデントのt分布に従う確率を返します。TTEST（T.TEST）関数は、指定した［配列1］［配列2］の2つのデータの平均に差があるかどうかを検定するのに利用できます。［尾部］に［1］を指定すると片側分布が使用され、［2］を指定すると両側分布が使用されます。

［検定の種類］には、実行するt検定の種類を、次のように数値で指定します。

[1]	対をなすデータのt検定
[2]	等分散の2標本を対象とするt検定
[3]	非等分散の2標本を対象とするt検定

Memo

平均と分散の検定

2組のデータ（標本）の違いを分析する際には平均と分散を比較します。次のように、4つの検定を使い分けます。

- 2つの標本の平均の検定 　　：t検定
- 2つの標本の平均の差の検定 ：z検定
- 2つの標本の分散の検定 　　：χ^2（カイ二乗）検定
- 2つの標本の分散の比の検定 ：F検定

これらの検定を利用する際には、平均と分散が既知かどうかで手順が変わります。

(1) 両方の標本の母分散が既知の場合⇒**z検定**で平均の差を検定
(2) 両方の標本の母分散が未知の場合

　　(2a) 両方の母分散が等しいと仮定できる場合：
　　　　⇒**F検定**で分散の比を検定／**等分散t検定**で平均を検定
　　(2b) 両方の母分散が等しいと仮定できない場合：
　　　　⇒**対データt検定**／**不等分散t検定**で平均を検定

なお、等分散とは、確率変数の列もしくはベクトルを構成するすべての確率変数が、等しく有限分散をしている（それぞれの群の分布の形が似ている）状態をいい、これに対して不等分散は分散が不均一性の状態のことをいいます。対データは、(x1,y1)のような1対のデータのことです。

統計 ▶ 検定

z検定の上側確率を求める
ZTEST (Z.TEST)

書　式：ZTEST(配列 , 平均値μ [, σ])

計算例：ZTEST({ 3.0 , 3.5 , 4.0 , 4.5 }, 4)

{3.0,3.5,4.0,4.5} の4つのデータの母集団の平均値μを [4] と仮定して、z検定の片側検定値 [0.78] （約78%）を求める。

機　能　ZTEST (Z.TEST) 関数は、z検定の片側P値を返します。これは、正規母集団の標本から標本平均を計算し、これと真の平均値とを比べて、標本平均がその母集団に属すると仮定した場合の上側確率を求めることに相当します。

$$\text{ZTEST}\,(array, x, \sigma) = 1 - \text{NORMDIST}\left(\frac{\mu - x}{\sigma \div \sqrt{n}}\right)$$

統計 ▶ 検定

F分布の上側確率を求める
FDIST (F.DIST.RT)

書　式：FDIST(x , 自由度1 , 自由度2)

機　能　FDIST (F.DIST.RT) 関数は、F分布の上側確率を返します。この関数を使用すると、2組のデータを比較して、ばらつきが両者で異なるかどうかを調べることが可能です。この場合には「等分散検定」で2組のデータの分散の比を検定します。

[自由度1] [自由度2] には、それぞれの自由度を指定します。

FDIST関数は、F分布に従う確率変数 [X] に対して、

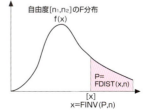

数式 FDIST=P（X>x）で表される片側確率を返します。F 分布は、χ² 分布に従う自由度 [n_1] の変数を u_1、χ² 分布に従う自由度 [n_2] の変数を u_2 とするとき、下の変数が従う確率分布で、これを「自由度 n_1, n_2 の F 分布」といいます。

$$x = \frac{\left(\frac{u_1}{n_1}\right)}{\left(\frac{u_2}{n_2}\right)}$$

この分布は、次のように表すことができます。

$$f(x) = \frac{\Gamma\left(\frac{n_1+n_2}{2}\right)}{\Gamma\left(\frac{n_1}{2}\right)\Gamma\left(\frac{n_2}{2}\right)} \left(\frac{n_1}{n_2}\right)^{\frac{n_1}{2}} x^{\frac{n_1}{2}-1} \left(1+\frac{n_1}{n_2}x\right)^{-\frac{n_1+n_2}{2}}$$

$$\Gamma(n+1) = n!, \quad \Gamma\left(n+\frac{1}{2}\right) = \left(n-\frac{1}{2}\right)\left(n-\frac{3}{2}\right)\cdots\left(\frac{1}{2}\right)\sqrt{\pi}$$

統計 ▶ 検定

FINV 2007 2010 2013 2016
F.INV.RT 2×17 2010 2013 2016

F 分布の上側確率から確率変数を求める
FINV（F.INV.RT）

書 式：FINV（ 確率 , 自由度 1 , 自由度 2 ）

機 能 FINV（F.INV.RT）関数は、FDIST（F.DIST.RT）関数の逆関数を返します。つまり、[p] =FDIST（x, 自由度 1, 自由度 2）であるとき、FINV（p, 自由度 1, 自由度 2）= [x] という関係が成り立ちます。この関数は、「F 分布表」として利用することができます。

統計 ▶ 検定

F分布の確率を求める
F.DIST

書 式：F.DIST(x , 自由度1 , 自由度2 , 関数形式)

機能 F.DIST関数は、F検定で利用するF分布の確率密度関数と下側確率を返します。確率密度関数を求める場合は、関数形式を[0]、下側確率を求める場合は、関数形式を[1]に指定します。

解説 確率の合計は[1]になることから、同じ[x][自由度1][自由度2]を指定したF.DIST関数とFDIST(F.DIST.RT)関数には次の関係が成り立ちます。

$$\text{F.DIST}(x, 自由度1, 自由度2, 1) + \text{FDIST}(x, 自由度1, 自由度2) = 1$$

統計 ▶ 検定

F分布の下側確率から確率変数を求める
F.INV

書 式：F.INV(下側確率 , 自由度1 , 自由度2)

機能 F.INV関数は、F.DIST関数の逆関数を返します。つまり、[p]=F.DIST(x,自由度1,自由度2,1)であるとき、F.INV(p,自由度1,自由度2)=[x]という関係が成り立ちます。

解説 この関数はExcel 2007では利用できませんが、確率の合計は1になることから、上側確率(x)+下側確率(x)=1 が成り立つので、FINV関数で代用可能です。

$$\text{F.INV}(p, 自由度1, 自由度2) = \text{FINV}(1-p, 自由度1, 自由度2)$$

統計 ▶ 検定

FTEST 2007 2010 2013 2016
F.TEST 2×17 2010 2013 2016

F検定の両側確率を求める
FTEST (F.TEST)

書 式：FTEST(配列1 , 配列2)

機 能 FTEST（F.TEST）関数は、[配列1]と[配列2]からF検定の等分散検定用の両側確率を返します。有意水準をたとえば[5%]と設定して、求めた両側確率と比較し、2つの配列の分散に違いがあるかどうかを検定します。

統計 ▶ 検定

CHIDIST 2007 2010 2013 2016
CHISQ.DIST.RT 2×17 2010 2013 2016

カイ二乗分布の上側確率を求める
CHIDIST (CHISQ.DIST.RT)

書 式：CHIDIST(x , 自由度)

機 能 CHIDIST（CHISQ.DIST.RT）関数は、χ^2検定で利用するカイ二乗（χ^2）分布の上側確率を返します。χ^2検定は、たとえば、母集団のばらつきが小さいときに、母集団の分散を標本データから推測する場合に利用します。

解 説 標準正規分布に従うn個の独立な変数u1、u2、…unの二乗和は、「自由度nのχ^2分布」と呼ばれる確率分布に従います。

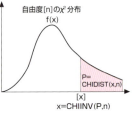

$$x = u_1^2 + u_2^2 + \cdots + u_n^2 \Rightarrow f(x) = \frac{1}{2\Gamma\left(\frac{n}{2}\right)} e^{-\frac{x}{2}} \left(\frac{x}{2}\right)^{\frac{n}{2}-1}$$

$$\Gamma(n+1) = n!, \quad \Gamma\left(n+\frac{1}{2}\right) = \left(n-\frac{1}{2}\right)\left(n-\frac{3}{2}\right)\cdots\left(\frac{1}{2}\right)\cdot\sqrt{\pi}$$

統計 ▶ 検定

CHIINV 2007 2010 2013 2016
CHISQ.INV.RT 2×7 2010 2013 2016

カイ二乗分布の上側確率から確率変数を求める
CHIINV（CHISQ.INV.RT）

書　式：CHIINV(上側確率 , 自由度)

機　能 CHIINV（CHISQ.INV.RT）関数は、CHIDIST（CHISQ.DIST.RT）関数の逆関数を返します。つまり、[p]＝CHIDIST（x, 自由度）であるとき、CHIINV（p, 自由度）＝[x] という関係が成り立ちます。この関数は、「カイ二乗（χ^2）分布表」の代わりに利用して、指定した確率Pに対応する確率変数xを簡単に求めることができます。

統計 ▶ 検定

2×7 2010 2013 2016

カイ二乗分布の確率を求める
CHISQ.DIST

書　式：CHISQ.DIST(x , 自由度 , 関数形式)

機　能 CHISQ.DIST 関数は、χ^2 検定で利用するカイ二乗（χ^2）分布の確率密度関数と下側確率を返します。確率密度関数を求める場合は、関数形式を [0]、下側確率を求める場合は、関数形式を [1] に指定します。

解　説 確率の合計は [1] になることから、同じ [x][自由度] を指定した CHISQ.DIST 関数と CHIDIST（CHISQ.DIST.RT）関数には、次の関係が成り立ちます。

$$\text{CHISQ.DIST}(x, 自由度, 1) + \text{CHIDIST}(x, 自由度) = 1$$

統計 ▶ 検定

カイ二乗分布の下側確率から確率変数を求める
CHISQ.INV

書 式：CHISQ.INV(下側確率 , 自由度)

機 能 CHISQ.INV 関数は、CHISQ.DIST 関数の逆関数を返します。つまり、[p] =CHISQ.DIST (x, 自由度 ,1) であるとき、CHISQ.INV (p, 自由度) = [x] という関係が成り立ちます。

解 説 この関数は Excel 2007 では利用できませんが、確率の合計は 1 になることから、上側確率（x）+ 下側確率（x）= 1 が成り立つので、CHIINV 関数（P.135 参照）で代用可能です。

CHISQ.INV(p, 自由度) = CHIINV($1-p$, 自由度)

統計 ▶ 検定

カイ二乗検定の上側確率を求める
CHITEST（CHISQ.TEST）

書 式：CHITEST(実測値範囲 , 期待値範囲)

機 能 CHITEST（CHISQ.TEST）関数は、カイ二乗（χ^2）検定を実行するのに利用されます。具体的には、範囲で指定した数値をもとに、χ^2 分布から有意水準と比較できる上側確率を返します。比較の結果、求めた確率が有意水準より小さければ対立仮説が採択されます。CHITEST（CHISQ.TEST）関数は右の数式で表されます。

$$\text{CHITEST} = p(X > \chi^2)$$
$$\chi^2 = \sum_{i=1}^{r}\sum_{j=1}^{c}\frac{(A_{ij}-E_{ij})^2}{E_{ij}}$$

統計 ▶ 相関

2007 2010 2013 2016

ピアソンの積率相関係数と決定係数を求める
PEARSON
RSQ

書　式：PEARSON(　配列1　,　配列2　)
ピアソンの積率相関係数を求める。

書　式：RSQ(　配列1　,　配列2　)
ピアソンの積率相関係数の平方値（決定係数）を求める。

機能　PEARSON関数は「ピアソンの積率相関係数」[r] の値を返し、RSQ関数はその二乗値 [r²] を返します。[r²] は、Excelの分析ツールなどでは [R²] あるいは「R-2乗値」とも表示されます。

「ピアソンの積率相関係数」は、CORREL関数（P.139参照）が返す相関係数と同一です。RSQ関数は、相関係数またはピアソンの積率相関係数の二乗値であり、一般に「決定係数」と呼ばれ、回帰直線では近似の精度を表します。

[r] は [-1.0] から [1.0] の範囲の数値であり、[r²] は [0] から [1] の範囲の数値であり、ともに2組のデータ間での相関の程度を示します。PEARSON関数の返す「ピアソンの積率相関係数」[r] と、RSQ関数の返すその二乗値 [r²] の数式は次のとおりです。

$$\text{PEARSON}(X,Y) = r = \frac{n(\sum xy) - (\sum x)(\sum y)}{\sqrt{\left[n\sum x^2 - (\sum x)^2\right]\left[n\sum y^2 - (\sum y)^2\right]}}$$

$$= \frac{Cov(X,Y)}{\sigma_x \cdot \sigma_y} = \rho_{x,y} \quad [-1 \leq r \leq 1]$$

$$\text{RSQ}(X,Y) = r^2 = \text{PEARSON}(X,Y)^2$$

x,y ： 変数　　　　μ_x ： xの平均値　　σ_x ： xの標準偏差
r² ： 決定係数　　μ_y ： yの平均値　　σ_y ： yの標準偏差

統計 ▶ 相関

COVAR 2007 2010 2013 2016
COVARIANCE.P 2007 2010 2013 2016

2組のデータの母共分散を求める
COVAR（COVARIANCE.P）

書 式：COVAR（配列1 , 配列2）
［配列1］のデータと［配列2］のデータの母分散を求める。

機 能 COVAR（COVARIANCE.P）関数は、共分散、すなわち2組の対応するデータの「偏差（平均値との差）の積の平均値」を返します。この数値を利用すると、2組のデータの相関関係を分析できます。

統計 ▶ 相関

2007 2010 2013 2016

2組のデータの共分散を求める
COVARIANCE.S

書 式：COVARIANCE.S（配列1 , 配列2）
［配列1］のデータと［配列2］のデータの共分散を求める。

機 能 COVARIANCE.S関数は、COVAR（COVARIANCE.P）関数と同様に［配列1］［配列2］から共分散を求めます。COVARIANCE.S関数は、配列のデータ数が少ない場合に使うとよいでしょう。

使用例 英語と数学の得点の共分散を求める

次の表は、英語と数学の得点を30件ずつ集め、5件、10件、30件とデータ数を変えて2つの関数で共分散を求めています。データ数が多くなるにつれ、COVAR（COVARINANCE.P）関数との差も縮小されるので、データ数を多く用意すれば、標本であってもCOVAR関数で代用可能です。

`=COVARIANCE.S(A2:A6,B2:B6)`

統計 ▶ 相関

2007 2010 2013 2016

2組のデータの相関係数を求める
CORREL

書　式：CORREL(配列1 , 配列2)

[配列1]のデータと[配列2]のデータの相関係数を求める。

機能　CORREL関数は、2組の対応するデータの相関係数を返します。この数値を利用すると、2組のデータの相関関係を分析できます(戻り値はPEARSON関数の戻り値と同一)。共分散は、データによって値が大きく異なりますが、相関係数は絶対値が[1]以下なので、異なるデータの相関を比較するときに便利です(上の例参照)。

$$\mathrm{COVAR}(X,Y) = Cov(X,Y) = \frac{1}{n}\sum_{i=1}^{n}(x_i - \mu_x)(y_i - \mu_y)$$

$$\mathrm{CORREL}(X,Y) = \rho_{x,y} = \frac{Cov(X,Y)}{\sigma_x \cdot \sigma_y} \quad -1 \leq \rho_{x,y} \leq 1$$

x,y ： 変数　　　　μ_x ： xの平均値　　σ_x ： xの標準偏差
ρ　 ： 相関係数　μ_y ： yの平均値　　σ_y ： yの標準偏差

統計 ▶ 相関

2007 2010 2013 2016

フィッシャー変換の値を算出する
FISHER

書 式：FISHER(x)

計算例：FISHER(0.8)

変数[0.8]をフィッシャー変換した値[1.099]を求める。

機能 FISHER関数は、相関係数を与えるとフィッシャーのz変換の値を返します。この変換では、ほぼ正規的に分布した関数が生成されます。この関数は、相関係数にもとづく仮説検定を行うときに使用します。

フィッシャー変換は、次の数式で表されます。

$$z = \frac{1}{2}\ln\left(\frac{1+x}{1-x}\right)$$

統計 ▶ 相関

2007 2010 2013 2016

フィッシャー変換の逆関数の値を算出する
FISHERINV

書 式：FISHERINV(y)

計算例：FISHERINV(1.099)

変換値[1.099]に対応する変数[0.8]を求める。

機能 FISHERINV関数は、フィッシャーのz変換の値に対応する相関係数の値を返します。この関数は、データ範囲や配列間の相関を分析する場合に使用します。[y]=FISHER(x)であるとき、FISHERINV(y)=[x]という関係が成り立ちます。

フィッシャー変換の逆関数は、次の数式で表されます。

$$x = \frac{e^{2y}-1}{e^{2y}+1}$$

統計 ▶ 回帰

2007 2010 2013 2016

複数の一次独立変数の回帰直線の係数を算出する
LINEST

書 式：LINEST(既知のy [, 既知のx] [, 定数] [, 補正])

機 能 LINEST 関数は、複数の独立変数（$x_1, x_2, \cdots, x_n$）が入力されたセル範囲［既知のx］と、独立変数（$x_1, x_2, \cdots, x_n$）の関数としての従属変数（$y_1, y_2, \cdots, y_n$）が入力されたセル範囲［既知のy］を与えて、「最小二乗法」により、近似直線（回帰直線）を求め、係数（$m_1, m_2, \cdots, m_n$）を返します。

これらの回帰直線は、y切片［b］と、配列で求められるそれぞれの［x］に対応する係数［m］で表現されます。［補正］に［1］を指定すると、補正の配列も得られます。

$$y = m_1 x_1 + m_2 x_2 + \cdots + m_n x_n + b$$

入力に際しては、次のようなセル範囲を選択し、配列数式として入力する必要があります。

列数	独立変数の数＋1列
行数（補正項を出力しない場合）	2行
行数（補正項を出力する場合）	5行

統計 ▶ 回帰

2007 2010 2013 2016

複数の一次独立変数の回帰直線の予測値を算出する
TREND

書 式：TREND(既知のy [, 既知のx] [, 新しいx] [, 定数])

機 能 TREND 関数では、LINEST 関数や LOGEST 関数と同様に、［既知のx］と［既知のy］とから、最小二乗法で近似式の係数などを計算し、その近似式を［新しいx］に適用して、複数の予測値を算出します。

入力に際しては、LINEST 関数と同様に、複数の行・列のセル範囲を選択し、配列数式として入力する必要があります。

統計 ▶ 回帰

2007 2010 2013 2016

1変数の近似直線の傾きと切片を算出する
SLOPE
INTERCEPT

書　式：SLOPE(既知のy , 既知のx)
1変数の近似直線の傾きを算出する。

書　式：INTERCEPT(既知のy , 既知のx)
1変数の近似直線の切片を算出する。

機能　SLOPE関数は［既知のy］と［既知のx］のデータから近似直線（回帰直線）の傾きを求め、INTERCEPT関数は近似直線（回帰直線）の切片の値を算出します。

近似直線の切片と傾きは、［グラフ］メニューの［近似直線の追加］［線形近似］でも表示させることができますし、その値をワークシート上で利用することもできます。しかし、はじめから方程式を利用するとわかっているなら、この関数を利用したほうが、手順が簡単です。

使用例　マンションの価格と床面積との関係の回帰直線を求める

下表はマンションの価格と床面積との相関関係をSLOPE関数とINTERCEPT関数を用いて求めた例です。

床面積を［既知のx］、価格を［既知のy］として、傾き（床面積単価）と切片を求めます。傾きと床面積と切片から回帰直線の方程式を構成し、入力します。

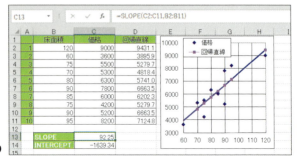

統計 ▶ 回帰

1変数の近似直線の予測値を算出する
FORECAST
FORECAST.LINEAR

書 式：FORECAST(x , 既知のy , 既知のx)

書 式：FORECAST.LINEAR(x , 既知のy , 既知のx)

機能 FORECAST関数は、[既知のy]と[既知のx]から得られる近似直線(回帰直線)上で、与えられた[x]の値に対する従属変数(yとする)の値を予測します。FORECASTなどの予測関数は、過去の実績から今後の売上や消費動向などを予測するといった使い方ができます。

解説 FORECAST関数は、Excel 2016の新しい予測関数の一つであるFORECAST.LINEARに置き換わっていますが、以前のバージョンで利用できたので互換性関数として残っています。

統計 ▶ 回帰

実績から予測値を求める
FORECAST.ETS

書 式：FORECAST.ETS(目標期日 , 値 , タイムライン , [季節性] , [データ補間] , [集計])

機能 FORECAST.ETS関数は、これまでの実績の数値(履歴値)をもとに将来の数値を予測します。なお、[季節性]を省略した場合は自動的に年月日から季節性を設定され、[0]の場合は季節性が無効となります。
この関数は、Excel 2016での新機能「予測ワークシート」で「予測値列」を求める際に使用されています。

統計 ▶ 回帰

予測値の信頼区間を求める
FORECAST.ETS.CONFINT

書　式：FORECAST.ETS.CONFINT(目標期日 , 値
, タイムライン , [信頼レベル], [季節性]
, [データ補間], [集計])

機　能　FORECAST.ETS.CONFINT 関数は、[目標期日] で指定した期日における予測値の信頼区間を求めます。信頼区間とは、将来の値の一定割合（Excel 2016 では [信頼レベル] が 95%）が、その範囲に含まれると想定されるそれぞれの予測値を囲む範囲のことです。

この関数は、Excel 2016 の新機能「予測ワークシート」のオプションにある「信頼区間」を求める際に使用されています。

統計 ▶ 回帰

指定した時系列の季節パターンの長さを返す
FORECAST.ETS.SEASONALITY

書　式：FORECAST.ETS.SEASONALITY(値
, タイムライン [, データ補間] [, 集計])

機　能　FORECAST.ETS.SEASONALITY 関数は、指定した時系列の季節パターンの長さを返します。この関数を使用すると、FORECAST.ETS 関数（P.143 参照）で使用された季節性を調べることができます。

[タイムライン] で指定する期間は 0 以外の一定間隔のデータを入力する必要がありますが、[データ補間] に [1] を指定すると、期間データのない部分の 30%を補間して計算されます。

統計 ▶ 回帰

2×7 2×0 2×3 2016

時系列予測から統計情報を求める
FORECAST.ETS.STAT

書　式：FORECAST.ETS.STAT(値 , タイムライン , 統計の種類 ,[季節性],[データ補間],[集計])

機能　FORECAST.ETS.STAT関数は、時系列の予測から統計情報を求めます。予測の統計情報には、平滑化係数（Alpha、Beta、Gamma）やエラーメトリック（MASE、SMAPE、MAE、RMSE）などの測定値が含まれます。
この関数は、Excel 2016の新機能「予測ワークシート」の「予測統計情報」を求める際に使用されています。

統計 ▶ 回帰

2007 2010 2013 2016

1変数の近似直線の標準誤差を算出する
STEYX

書　式：STEYX(既知のy , 既知のx)

機能　STEYX関数は、[既知のy]と[既知のx]の間に回帰直線を仮定した場合の、その直線上の値と与えられた[既知のy]の間の標準誤差を求めます。
[既知のy]と[既知のx]に「既知の値」を指定すれば「既知の値」の標準誤差を、「新しい値」と予測値を指定すれば、「予測値の標準誤差」を求めることができます。

$$S_{xy} = \sqrt{\frac{1}{n(n-2)}\left[n\sum_{i=1}^{n}y_i^2 - \left(\sum_{i=1}^{n}y_i\right)^2 - \frac{\left\{\frac{1}{n}\sum_{i=1}^{n}(x_iy_i) - \left(\frac{1}{n}\sum_{i=1}^{n}x_i\right)\left(\frac{1}{n}\sum_{i=1}^{n}y_i\right)\right\}^2}{n\sum_{i=1}^{n}x_i^2 - \left(\sum_{i=1}^{n}x_i\right)^2}\right]}$$

統計 ▶ 回帰

2007 2010 2013 2016

複数の独立変数の回帰指数曲線の係数を算出する
LOGEST

書 式：LOGEST(既知のy [, 既知のx] [, 定数] [, 補正])

機能 LOGEST 関数は、複数の独立変数を配列［既知のx］で与え、従属変数を配列［既知のy］で与えて、次のような回帰指数曲線を最小二乗法で求めます。

$$y = b(m_1^{x_1})(m_2^{x_2})\cdots(m_n^{x_n})$$

これらの近似曲線は、定数［b］（直線の場合はy切片）と、配列で求められるそれぞれの［x］に対応する底［m］で表現されます。同時に、回帰直線や回帰曲線に関する補正の配列も返します。

データを回帰直線（LINEST）で近似するか、回帰曲線（LOGEST）で近似するかは、データの傾向によって選択します。グラフを作成するのが便利ですが、両方を計算して決定係数［r^2］を比べると数値的に比較できます。

入力に際しては、LINEST 関数と同様に、複数の行・列のセル範囲を選択し、配列数式として入力する必要があります。

統計 ▶ 回帰

2007 2010 2013 2016

複数の独立変数の回帰指数曲線の予測値を算出する
GROWTH

書 式：GROWTH(既知のy [, 既知のx] [, 新しいx] [, 定数])

機能 GROWTH 関数では、LINEST 関数や LOGEST 関数と同様に、［既知のx］と［既知のy］から、最小二乗法で近似式の係数などを計算し、その近似式を［新しいx］に適用して、複数の予測値を算出します。

第3章

日付／時刻

日付 / 時刻の関数とシステム

日付 / 時刻関数は、「年」「月」「日」「時」「分」「秒」および「曜日」などを統一的に処理するために、計算上は「シリアル値」を使用して記録・処理して表します。これらは、次ページに示すように 6 つに分類できます。
シリアル値とは、日付と時刻を数値（実数値）で表したもので、整数部（日付シリアル値）で日付を表し、小数部（時刻シリアル値）で時刻を表します。
シリアル値は「数値」のため、そのまま簡単に加減乗除することができますが、小数部の上限、すなわち 1 日は 24 時間なので、たとえば［15 時間］を単純に 2 倍しても［30 時間］とは表示されないことがあることに注意してください。

●日付シリアル値と日付システム

① シリアル値の整数部分の意味（「1900 年日付システム」）

1900 年 1 月 1 日～ 9999 年 12 月 31 日までの期間におけるすべての日付に、［1］～［2,958,465］の整数を順に割り当てたものです。

② 2 つの日付システム

Excel で使用されている日付システムには、標準的に使われる「1900 年日付システム」と「1904 年日付システム」（過去の Mac 版など）の 2 種類があり、これらの間では同じシリアル値から表示される「年」には 4 年のズレがあります。

③日付として認識できない「年」

1900 年日付システムでは 1899 年以前と 10000 年以降が、1904 年日付では 1903 年以前と 10000 年以降が、日付として認識されません。

●時刻シリアル値

①シリアル値の小数部分の意味

1 日の 0 時 0 分 0 秒を［0.0］、翌日の 0 時 0 分 0 秒を［1.0］として、24 時間を［0.0］以上［1.0］未満に連続的に割り振ったものです。入力した日付や時刻のシリアル値は、表示形式を＜標準＞や＜数値＞にすると確認できます。

②シリアル値の時間への変換の計算

1 日 24 時間が［1.0］に割り当てられているということは、「シリアル値の小数部を 24 倍して数値として表示すれば時間を表す」ことになります。ただし、24 時間以上の時間を表示するためには、表示形式で、「hh」の前後に「［ ］」を付けて、「［hh］」としなければなりません。

日付/時刻関数の一覧

分類	関数名	説明	主たる引数	戻り値 表すもの	戻り値 数値・文字列
現在の日時のシリアル値	NOW	現在の日時に対応するシリアル値を返す	なし	現在の日時	シリアル値
	TODAY	当日の日付に対応するシリアル値を返す	なし	当日の日付	シリアル値
指定日時のシリアル値	DATE	年月日をシリアル値に変換	数値×3	指定日付	シリアル値
	TIME	時分秒をシリアル値に変換	数値×3	指定時刻	シリアル値
	DATEVALUE	日付文字列をシリアル値に変換	日付文字列	指定日付	シリアル値
	TIMEVALUE	時刻文字列をシリアル値に変換	時刻文字列	指定時刻	シリアル値
シリアル値から日時情報を得る	YEAR	シリアル値から「年」を抽出	シリアル値	年	整数
	MONTH	シリアル値から「月」を抽出	シリアル値	月	整数
	DAY	シリアル値から「日」を抽出	シリアル値	日	整数
	WEEKDAY	シリアル値から「曜日」を抽出	シリアル値	曜日	整数
	HOUR	シリアル値から「時」を抽出	シリアル値	時	整数
	MINUTE	シリアル値から「分」を抽出	シリアル値	分	整数
	SECOND	シリアル値から「秒」を抽出	シリアル値	秒	整数
	DATESTRING	シリアル値を「和暦」で表示	シリアル値	和暦の日付	整数
計算日付のシリアル値	EDATE	指定した月数後の日付のシリアル値を返す	シリアル値	指定日付	シリアル値
	EOMONTH	指定した月数後の月末日付のシリアル値を返す	シリアル値	指定日付	シリアル値
	WORKDAY	指定した稼働日数後の日付のシリアル値を返す	シリアル値	指定日付	シリアル値
	ISOWEEKNYM	指定した日付ISO週番号を返す	シリアル値	指定日付	シリアル値
週の番号	WEEKNUM	ある日付が1年の何週目に当たるかの整数値を返す	シリアル値	週番号	整数
期間差	DATEDIF	2つの日付の間の期間を日数/月数/年数で返す	シリアル値/文字列	期間	整数
	DAYS	2つの日付の間の日数を返す	シリアル値/文字列	期間	整数
	DAYS360	1年を360日として2つの日付の間の日数を返す	シリアル値/文字列	期間	整数
	NETWORKDAYS	2つの日付の間の稼働日数を返す	シリアル値	期間	整数
	YEARFRAC	2つの日付の間の期間を年単位で計算	シリアル値/文字列	期間	実数

日付／時刻 ▶ 現在の日時

2007 2010 2013 2016

現在日付を表示する
TODAY

書　式：TODAY()

計算例：TODAY()

現在の日付のシリアル値が、セルに設定した表示形式に従って表示される。

機能 TODAY関数は、その関数が入力されたときの日付、または最後に計算したときの日付のシリアル値を返します。時刻まで求めるにはNOW関数を利用します。TODAY関数は引数を必要としない関数ですが、( )は必要です。

返り値は、F9 を押すなどして再計算を実行した場合やブックを閉じて再度開いた場合に更新され、それ以外の場合は更新されません。

日付／時刻 ▶ 現在の日時

2007 2010 2013 2016

現在の日付と時刻を表示する
NOW

書　式：NOW()

計算例：NOW()

現在の日時のシリアル値が、セルに設定した表示形式に従って表示される。

機能 NOW関数は、その関数が入力されたときの日時、または最後に計算したときの日時のシリアル値を返します。日付だけを求めるにはTODAY関数を利用します。NOW関数は引数を必要としない関数ですが、( )は必要です。

戻り値は、F9 を押すなどして再計算を実行した場合やブックを閉じて再度開いた場合に更新され、それ以外の場合は更新されません。

日付／時刻 ▶ 指定日時

2007 2010 2013 2016

指定した日付を表示する
DATE

書　式：DATE(年 , 月 , 日)

計算例：DATE(2016 , 4 , 1)

　　　　数値［2016］［4］［1］から、シリアル値［42461］（日付［2016/4/1］）を返す。

機能　DATE関数は、「年月日で指定した日付」に対応する「シリアル値」を算出します。

　　　年月日それぞれの引数は、数値を直接入力するか、セル参照で入力します。年月日それぞれを別個に数値で入力しておいて、それから日付表示を構成する場合に便利です。

　　　数値を直接入力した場合など、セルの表示形式が［日付］になっていると日付が表示されます。シリアル値を表示するには、表示形式を［標準］にします（P.154Memo参照）。

日付／時刻 ▶ 指定日時

2007 2010 2013 2016

日付を表す文字列をシリアル値に変換する
DATEVALUE

書　式：DATEVALUE(日付文字列)

計算例：DATEVALUE("2016/4/1")

　　　　日付を表す文字列［2016/4/1］に対応するシリアル値［42461］を返す。

機能　DATEVALUE関数は、「日付を表す文字列」を「シリアル値」に変換します。

　　　［日付文字列］は、文字列を直接入力するか、セル参照で入力します。あるいは、文字列演算子「&」や文字列操作関数を利用して構成することもできます。

　　　算出されたシリアル値は、そのまま計算の対象にしたり、表示形式を適用して見やすく表示したりすることができます。

日付/時刻 ▶ 指定日時　　　　　　　2007 2010 2013 2016

指定した時刻を表示する
TIME

書　式：TIME(時 , 分 , 秒)

計算例：TIME(18 , 5 , 0)

数値 [18] [5] [0] からシリアル値 [0.753472]（時刻なら [6:05PM]）を返す。

機　能　TIME 関数は、「時分秒で指定した時刻」に対応する「シリアル値」を算出します。

時分秒それぞれを別個に数値で入力しておいて、それから時刻表示を構成する場合に便利です。

なお、計算例を指定すると、[6:05PM] と表示されます（表示形式 [ユーザー定義]）。シリアル値を表示するには、表示形式を [標準] にします（P.154Memo 参照）。

日付/時刻 ▶ 指定日時　　　　　　　2007 2010 2013 2016

時刻を表す文字列をシリアル値に変換する
TIMEVALUE

書　式：TIMEVALUE(時刻文字列)

計算例：TIMEVALUE("6:05 PM")

時刻 [6:05 PM] に対応するシリアル値 [0.753472] を返す。

機　能　TIMEVALUE 関数は、「時刻を表す文字列」を「シリアル値」に変換します。

[時刻文字列] は、文字列を直接入力するか、セル参照で入力してもよいですし、文字列演算子「&」や文字列操作関数を利用して構成することもできます。

算出されたシリアル値は、そのまま計算の対象にしたり、表示形式を適用して見やすく表示したりすることができます。

日付／時刻 ▶ 指定日時

2007 2010 2013 2016

西暦の日付を和暦の日付に変換する
DATESTRING

書 式：DATESTRING(シリアル値または日付文字列)

計算例：DATESTRING("2016/4/1")

西暦の日付［2016/4/1］のシリアル値［42461］を和暦の日付［平成28年04月01日］で返す。

機 能 DATESTRING関数は、シリアル値または日付文字列で指定した日付を、和暦の日付で返す関数です。戻り値として、［平成28年04月01日］のように、和暦の日付が表示されます。

Excelの場合、日付は通常は西暦で表示されます。西暦で表示された日付を和暦で表示するには、表示形式を変更するのが一般的です。この関数は、計算結果を他の表計算ソフトでも利用可能にするためのものです。

DATESTRING関数は、＜関数の挿入＞ダイアログボックスに表示されませんが、関数の入力後は＜関数の挿入＞ f_x をクリックして＜関数の引数＞ダイアログボックスで引数を編集できます。

下表は、DATESTRING関数を用いて西暦の日付（D列）を和暦で表示した例（F列）です。D列の表示が正しくない場合は、F列の表示も不正になります。

	A	B	C	D	E	F
1	年	月	日	DATE関数(西暦)	DATE関数(和暦)	DATESTRING関数
2	1899	1	1	3799/1/1	平成1811年1月1日	平成1811年01月01日
3	1909	1	1	1909/1/1	明治42年1月1日	明治42年01月01日
4	1919	1	1	1919/1/1	大正8年1月1日	大正08年01月01日
5	1929	1	1	1929/1/1	昭和04年1月1日	昭和04年01月01日
6	1939	1	1	1939/1/1	昭和14年1月1日	昭和14年01月01日
7	1949	1	1	1949/1/1	昭和24年1月1日	昭和24年01月01日
8	1959	1	1	1959/1/1	昭和34年1月1日	昭和34年01月01日
9	1969	1	1	1969/1/1	昭和44年1月1日	昭和44年01月01日
10	1979	1	1	1979/1/1	昭和54年1月1日	昭和54年01月01日
11	1989	1	1	1989/1/1	昭和64年1月1日	昭和64年01月01日
12	1999	1	1	1999/1/1	平成11年1月1日	平成11年01月01日
13	2009	1	1	2009/1/1	平成21年1月1日	平成21年01月01日

日付／時刻 ▶ 日時情報

2007 2010 2013 2016

シリアル値から年を求めて表示する
YEAR

書　式：YEAR(シリアル値または日付文字列)

計算例：YEAR("2016/10/10")

日付［2016/10/10］から「年」を表す数値［2016］を返す。

機　能　YEAR関数は、シリアル値か日付文字列（またはそのセル参照）を引数とし、そのシリアル値に対応する「年」を返します。戻り値は1900〜9999（年）の範囲の整数となります。

なお、年の指定は西暦4桁を入力する必要があります。

日付／時刻 ▶ 日時情報

2007 2010 2013 2016

シリアル値から月を求めて表示する
MONTH

書　式：MONTH(シリアル値または日付文字列)

計算例：MONTH("2016/10/10")

日付［2016/10/10］から「月」を表す数値［10］を返す。

機　能　MONTH関数は、シリアル値か日付文字列（またはそのセル参照）を引数とし、そのシリアル値に対応する「月」を返します。戻り値は1〜12(月)の範囲の整数となります。

Memo
シリアル値の表示形式

P.149の表にあるシリアル値を戻り値とする関数を入力した場合、DATE関数、TIME関数など一部の関数では、セルにはシリアル値そのものではなく、日付文字列で表示されます。シリアル値をそのまま表示したい場合は、＜ホーム＞タブの＜数値の書式＞（もしくは＜表示形式＞）の▼をクリックし、＜標準＞を選択します。

日付／時刻 ▶ 日時情報　　　　　　　　　2007 2010 2013 2016

シリアル値から日を求めて表示する
DAY

書　式：DAY(シリアル値または日付文字列)

計算例：DAY("2016/10/10")

日付［2016/10/10］から「日」を表す数値［10］を返す。

機能　DAY関数は、シリアル値か日付文字列（またはそのセル参照）を引数とし、そのシリアル値に対応する「日」を返します。戻り値は1～31（日）の範囲の整数となります。

日付／時刻 ▶ 日時情報　　　　　　　　　2007 2010 2013 2016

シリアル値から時を求めて表示する
HOUR

書　式：HOUR(シリアル値または時刻文字列)

計算例：HOUR("12:00")

時刻［12:00］から「時間」を表す数値［12］を返す。

機能　HOUR関数は、シリアル値か時刻文字列（またはそのセル参照）を引数とし、そのシリアル値に対応する「時」を返します。戻り値は0（午前0時）～23（午後11時）の範囲の整数となります。

Memo
日付文字列での指定の際の注意点

P.150～P.166で解説している関数のうち、引数に日付を表すシリアル値を指定するものは、日付文字列を直接指定することもできます。ただし、"2016/10/25"など、＜標準＞スタイルのセルに入力したときに自動的に＜日付＞スタイルが設定される形式だけが有効となります。たとえば、日付の表示形式の設定を変更して表示できるようになる"10/25/16"などの形式で入力してもエラーとなるので、注意が必要です。

日付／時刻 ▶ 日時情報

2007 2010 2013 2016

シリアル値から分を求めて表示する
MINUTE

書　式：MINUTE(シリアル値または時刻文字列)

計算例：MINUTE("1:12")

時刻［1：12］から「分」を表す数値［12］を返す。

機能 MINUTE 関数は、シリアル値か時刻文字列（またはそのセル参照）を引数として入力し、その値に対応する「分」を返します。戻り値は 0 〜 59 の範囲の整数となります。この種の関数は通常、引数にシリアル値を返す関数を組み合わせて使用します。

日付／時刻 ▶ 日時情報

2007 2010 2013 2016

シリアル値から秒を求めて表示する
SECOND

書　式：SECOND(シリアル値または時刻文字列)

計算例：SECOND("0:07:12")

時刻［0：07：12］から「秒」を表す数値［12］を返す。

機能 SECOND 関数は、シリアル値か時刻文字列（またはそのセル参照）を引数として入力し、その値に対応する「秒」を返します。戻り値は 0 〜 59 の範囲の整数となります。この種の関数は通常、引数にシリアル値を返す関数を組み込んで使用します。

Memo

勤務時間の計算に使える関数

超過勤務や深夜勤務などの時間帯の計算では MINUTE 関数と HOUR 関数を、15 分 /30 分での切り捨てでは FLOOR 関数（P.58 参照）を使用します。

日付／時刻 ▶ 週情報

2007 2010 2013 2016

シリアル値から曜日を求めて表示する
WEEKDAY

書　式：WEEKDAY(シリアル値または日付文字列 , 種類)
計算例：WEEKDAY("2016/10/1" , 1)

[2016/10/1] の曜日（土曜日）を種類 [1] によって指定された数値 [7] で返す。

機能 WEEKDAY 関数は、シリアル値か日付文字列（またはそのセル参照）を引数として入力し、[種類] の指定に従って、そのシリアル値に対応する「曜日を表す整数」を返します。戻り値は 1 ～ 7（または 0 ～ 6）の範囲の整数となります。

なお、Excel 2010 以降では、種類の [1] ～ [3] のほかに、[11] ～ [17] も指定できます。

週の基準	戻り値
1 または省略	1（日曜）～ 7（土曜）の範囲の整数 以前のバージョンの Excel と結果は同じ。
2	1（月曜）～ 7（日曜）の範囲の整数
3	0（月曜）～ 6（日曜）の範囲の整数
11	1（月曜）～ 7（日曜）の範囲の整数
12	1（火曜）～ 7（月曜）の範囲の整数
13	1（水曜）～ 7（火曜）の範囲の整数
14	1（木曜）～ 7（水曜）の範囲の整数
15	1（金曜）～ 7（木曜）の範囲の整数
16	1（土曜）～ 7（金曜）の範囲の整数
17	1（日曜）～ 7（土曜）の範囲の整数

Memo

日付文字列

日付文字列はただの文字列ではなく、日時を表す特別な規則を持った文字列のことです。引数でシリアル値の代わりに使います。「2016-12-12」などが該当します。

日付/時刻 ▶ 週情報

2007 2010 2013 2016

指定した日付の週の番号を求める
WEEKNUM

書　式：WEEKNUM(シリアル値 , 週の基準)

計算例：WEEKNUM("2016/3/14" , 1)

日曜を週の基準として数えた場合、[2016/3/14] がその年の [11 週目] に当たることを返す。

機能 [シリアル値] に指定した日付が、その年の第何週目に当たるかを整数値で返します。週の数え方を [週の基準] で設定します。WEEKDAY 関数が横軸、WEEKNUM 関数が縦軸の関係にあります。

この関数は、「週単位の集計」に利用することができます（下表参照）。[週の基準] に [1] を指定するか省略すると週が日曜からはじまり、[2] を指定すると週の月曜からはじまります。

なお、Excel 2007 では、[週の基準] は [1] および [2] のみを指定できます。また、以下の表のシステム 1 とは、1 月 1 日を含む週がその年の第 1 週になる場合、システム 2 とは、その年の最初の木曜日を含む週がその年の第 1 週になる場合です。

週の基準	週のはじまり	システム
1 または省略	日曜日	1
2	月曜日	1
11	月曜日	1
12	火曜日	1
13	水曜日	1
14	木曜日	1
15	金曜日	1
16	土曜日	1
17	日曜日	1
21	月曜日	2

日付/時刻 ▶ 週情報

指定日のISO週番号を求める
ISOWEEKNUM

書　式：ISOWEEKNUM(シリアル値)

計算例：ISOWEEKNUM("2016/4/15")

[シリアル値] で指定した ["2016/4/15"] のISO週番号 [15] を返す。

機 能 ISOWEEKNUM関数は、ISO週番号を求めるもので、[シリアル値] で指定した日付がその年の1月1日から何週目になるのかを返します。

Excelでは、年月日をシリアル値で管理しています。既定では、1900年1月1日がシリアル値「1」で、以後1日ごとに1ずつカウントされます。2016年4月15日はシリアル値「42475」になるので、シリアル値で指定する場合は「ISOWEEKNUM（42475）」になります。

シリアル値を年月日で指定する場合は、計算例のようにダブルクォーテーション「"」で囲みます。

	A	B	C
1	年月日	ISO週番号	週番号
2	2016/4/15	15	16
3	2016/5/21	20	21
4	2016/6/24	25	26
5	2016/6/30	26	27
6	2016/7/23	29	30
7	2016/9/8	36	37
8	2016/9/12	37	38
9	2016/9/21	38	39
10	2016/10/2	39	41
11	2016/10/20	42	43
12	2016/10/29	43	44
13	2016/11/22	47	48

B2 = ISOWEEKNUM(A2)

📄41

年月日で指定した日付のシリアル値のISO週番号を求めます。

週番号は =WEEKNUM(A2) で求めます。

日付／時刻 ▶ 期間　　　　　　　　　　　2007 2010 2013 2016

指定した月数後の日付を計算する
EDATE

書　式：EDATE(開始日 , 月)

計算例：EDATE("2016/4/1" , 2)

[開始日] である [2016/4/1] のシリアル値 [42461] から、[2 カ月後] の日付である [2016/6/1] のシリアル値 [42522] を返す。

機能 EDATE 関数は、[開始日] から起算して、指定された [月] 数だけ前あるいは後ろの日付に対応するシリアル値を返します。このように、「月」だけずらして一種の「日」を維持するのは EDATE 関数と次の「n カ月後の月末日付」を求める EOMONTH 関数しかありません。

1 カ月の日数は、その月によって 30 日、31 日が自動で算出されます。2 月は 28 日と 29 日があり、2016 年は 29 日までですが、この場合も「2016 年 1 月 31 日」の 1 カ月後は「2 月 29 日」のシリアル値を返します。

日付／時刻 ▶ 期間　　　　　　　　　　　2007 2010 2013 2016

指定した月数後の月末日付を計算する
EOMONTH

書　式：EOMONTH(開始日 , 月)

計算例：EOMONTH("2016/4/1" , 2)

[開始日] である [2016/4/1] のシリアル値 [42461] から、[2 カ月後] の月末の日付 [2016/6/30] のシリアル値 [42551] を返す。

機能 EOMONTH 関数は、[開始日] から起算して指定された [月] 数だけ前あるいは後ろの「月の最終日に対応するシリアル値」を返します。この関数は、月末に発生する満期日や支払日の計算に役立ちます。

日付／時刻 ▶ 期間　　　2007 2010 2013 2016

指定した稼働日数後の日付を計算する
WORKDAY

書　式：WORKDAY(開始日 , 日数 [, 祝日])

計算例：WORKDAY("2016/1/1" , 10 , "2016/1/4")

土日以外の休日として［2016/1/4］を指定した場合の、［2016/1/1］のシリアル値［42370］から、稼働日数［10日後］に当たる稼働日［2016/1/18］のシリアル値［42387］を返す。

機能　WORKDAY関数は、［開始日］から起算して指定された稼働日数だけ前または後ろの日付に対応するシリアル値を返します。稼働日とは、土曜日、日曜日、指定された祝日を除く日のことで、支払日・発送日や作業日数などを計算する際に、週末や祝日を除外することができます。

祝日や公休など、稼働日数の計算から除外したい日は、右表のようにリストにしておき、［祝日］にセル参照で指定します。

	2016年		
	元日	1月1日	金
	成人の日 ハッピーマンデー	1月9日	土
	建国記念の日	2月11日	木
	春分の日	3月20日	日
	昭和の日	4月29日	金
	憲法記念日	5月3日	火
	みどりの日	5月4日	水
祝日	こどもの日	5月5日	木
	海の日 ハッピーマンデー	7月18日	月
	山の日	8月11日	木
	敬老の日 ハッピーマンデー	9月19日	月
	秋分の日	9月22日	木
	体育の日	10月10日	月
	文化の日	11月3日	木
	勤労感謝の日	11月23日	水
	天皇誕生日	12月23日	金
	冬期休暇	1月4日	月
	夏期休暇	8月9日	火
公休	夏期休暇	8月10日	水
	夏期休暇	8月12日	金
	冬期休暇	12月28日	水
	冬期休暇	12月29日	木
	冬期休暇	12月30日	金

日数部分を参照します。

📄42

Memo

締日・支払日の計算に使う関数

締日・支払日の計算では、次のように関数を使い分けます。

「1カ月後10日支払」	EDATE関数（P.160参照）
「1カ月10日後支払」	EDATE関数
「1カ月後末日支払」	EOMONTH関数（P.160参照）

日付／時刻 ▶ 期間

2007 2010 2013 2016

2つの日付の間の稼働日数を求める
NETWORKDAYS

書　式： NETWORKDAYS(開始日 , 終了日 [, 休日])

計算例： NETWORKDAYS("2016/1/1" , "2016/2/1")
［2016/1/1］から［2016/2/1］までの稼働日数［23］日を返す（ここでは土日のみ除外）。

機能 NETWORKDAYS関数は、2つの日付をシリアル値または日付文字列で指定し、その2つの日付の間の稼働日数を計算します。土日の休日のほかに、祝日や公休などを指定することができます。

使用例 月ごとの営業日数を求める

下表では、月ごとの営業日数を計算しています。土日、土日と祝日、土日と祝日と公休をそれぞれ除いた営業日数は、NETWORKDAYS関数の引数［休日］に、前ページで作成した祝日のリストに定義した名前（祝日、祝日公休）を指定しています。たとえば、セル［F3］には「=NETWORKDAYS($B3,$C3,祝日公休)」と入力しています。

	A	B	C	D	E	F
1					営業日数	
2	月	開始日	終了日	休日	休日祝日	休日祝日公休
3	1月	1月1日	1月31日	22	22	22
4	2月	2月1日	2月29日	21	21	21
5	3月	3月1日	3月31日	22	22	22
6	4月	4月1日	4月30日	21	21	21
7	5月	5月1日	5月31日	23	23	23
8	6月	6月1日	6月30日	21	21	21
9	7月	7月1日	7月31日	22	22	22
10	8月	8月1日	8月31日	23	23	23
11	9月	9月1日	9月30日	20	20	20
12	10月	10月1日	10月31日	23	23	23
13	11月	11月1日	11月30日	22	22	22
14	12月	12月1日	12月31日	21	21	21
15	合計			261	261	261
16	最大値			23	23	23

43

日付／時刻 ▶ 期間

指定した稼働日数後の日付を求める（平日の定休日に対応）
WORKDAY.INTL

書　式：WORKDAY.INTL(開始日 , 日数 [, 週末] [, 休日])

計算例：WORKDAY.INTL("2016/3/1" , 10 , 14)

毎週水曜日を定休日（[週末]の[14]）に指定した場合の、[2016/3/1] のシリアル値 [42430] から、稼働日数 [10日後] に当たる稼働日 [2016/3/12] のシリアル値 [42441] を返す。

機能　WORKDAY 関数（P.161 参照）は土日が稼働日から除外されていましたが、WORKDAY.INTL 関数は、除外する曜日を[週末]で個別に指定できます。これにより、土日は営業、平日に定休日というパターンの稼働日数後の日付が求めることができます。

[週末]に指定する番号は、下表に示します。

番　号	曜　日
1（省略）	土、日
2	日、月
3	月、火
4	火、水
5	水、木
6	木、金
7	金、土

番　号	曜　日
11	日
12	月
13	火
14	水
15	木
16	金
17	土

Memo

開始日のセル指定

EDATE 関数（P.160 参照）などで、すでに日付が入力されている表などを利用して、月数後の日付を求めたという場合は、[開始日]に基準となるセル値を指定すれば同様に求めることができます。

	A	B	C
1	注文日	納品（1カ月後）	納品（5カ月後）
2	2016/5/15	42536	42658
3	2016/6/23	42574	42697

C2　=EDATE(A2,5)

日付／時刻 ▶ 期間

2つの日付の間の稼働日数を求める（平日の定休日に対応）
NETWORKDAYS.INTL

書　式：NETWORKDAYS.INTL(開始日 , 終了日 [, 週末] [, 休日])

計算例：WORKDAY.INTL("2016/1/1" , "2016/2/1" , 14)

[2016/1/1] から [2016/2/1] までの稼働日数 [27] 日を返す（毎週水曜日は除外）。

機能 NETWORKDAYS.INTL 関数は、NETWORKDAYS 関数（P.162 参照）と同じく 2 つの日付間の稼働日数を求めます。ただしこれらは、定休日の曜日は［週末］で指定し、その他の休日は［祭日］で指定します。［週末］に指定する番号は、WORKDAY.INTL 関数と同じです（P.163 参照）。

日付／時刻 ▶ 期間

2つの日付の間の年/月/日数を求める
DATEDIF

書　式：DATEDIF(開始日 , 終了日 , 単位)

計算例：DATEDIF("2016/1/1" , "2016/3/1" , "M")

[2016/1/1] から [2016/3/1] までの満月数 [2] を返す。

機能 DATEDIF 関数は、2 つの日付の期間を以下の表の単位で求めます。年齢や在社年数を求めるのに便利です。

単位	戻り値の単位	単位	戻り値の単位
"Y"	期間内の満年数	"MD"	1 カ月未満の日数
"M"	期間内の満月数	"YM"	1 年未満の月数
"D"	期間内の満日数	"YD"	1 年未満の日数

DATEDIF 関数は、＜関数の挿入＞ダイアログボックスには

表示されませんが、関数を入力して＜関数の挿入＞ f_x をクリックすると、＜関数の引数＞ダイアログボックスで引数を編集することができます。

年齢： 「=DATEDIF（生年月日,基準日,"Y"）」
入社時年齢：「=DATEDIF（生年月日,入社年月日,"Y"）」
在社年数： 「=DATEDIF（入社年月日,基準日,"Y"）」

	A	B	C	D	E	F	G
1		基準日	2016/4/23		Y	Y	Y
2		氏名	生年月日	入社年月日	年齢	入社時年齢	在社年数
3	1	斉藤 隆史	1975/12/21	1998/4/1	40	22	18
4	2	中村 和成	1980/5/14	2001/4/1	35	20	15
5	3	川上 信二	1966/8/4	1996/10/4	49	30	19

E3: =DATEDIF(C3,$C$1,E$1)

日付／時刻 ▶ 期間

2×7 2×0 2013 2016

2つの日付の間の日数を求める
DAYS

書　式： DAYS(終了日 , 開始日)

計算例： DAYS("2016/9/8" , "2016/4/15")

　開始日［2016/4/15］から終了日［2016/9/8］までの期間の日数［146］を返す。

機能 DAYS関数は、指定した［開始日］と［終了日］間の日数を求めます。［終了日］が［開始日］より前の場合は、マイナスで日数を返します。この関数は他の関数とは異なり、［終了日］を先に指定します。期間の［開始日］および［終了日］は、シリアル値またはダブルクォーテーション「"」で囲んだ文字列で指定します。

DAYS関数は、DATEIF関数の［単位］に「"D"」を指定した場合と同じ結果が求められます。

```
=DATEDIF( [開始日] , [終了日] , D )
```

日付/時刻 ▶ 期間

2007 2010 2013 2016

2つの日付の間の日数を求める(1年=360日)
DAYS360

書　式：DAYS360(開始日 , 終了日 [, 方式])

計算例：DAYS360("2016/5/28" , "2017/5/28" , FALSE)

1年を360日とした場合、[2016/5/28]から[2017/5/28]までの期間[360]日を返す。

機　能 DAYS360関数は、会計計算においてよく用いられる計算方法で、1年を360日とみなして、2つの日付をシリアル値または日付文字列で指定し、その2つの日付の間の日数を計算します。

日付/時刻 ▶ 期間

2007 2010 2013 2016

2つの日付の間の期間を年数で求める
YEARFRAC

書　式：YEARFRAC(開始日 , 終了日 [, 基準])

計算例：YEARFRAC("2016/4/1" , "2091/3/31" , 1)

[2016/4/1]から[2091/3/31]までの年数は[75]年である。

機　能 YEARFRAC関数は、2つの日付をシリアル値または文字列で指定し、その2つの日付の間の期間を年単位で計算します。[基準]は日数計算に使われる基準日数(月/年)を数値で指定します。

	A	B	C
1	開始日	終了日	年数
2	2016/4/1	2017/3/31	1

C2: `=YEARFRAC(A2,B2)`

第4章

財務

財務 ▶ 借入返済

2007 2010 2013 2016

元利均等返済における返済金額を求める
PMT

書 式：PMT(利率, 期間, 現在価値 [, 将来価値] [, 支払期日])

計算例：PMT(0.07/12, 12, 1000000, 0)

100万円を借り入れ、年利[7%]として[1年（12カ月）]で返済するときの定期返済額[86,527]円を求める。

使用例　月々の返済金額を求める

下表では、100万円を借り入れて1年間で月次返済する場合の、引数の名前をA列に、その名前に対する実際の役割をB列に入力し、D3にPMT関数を入力して月次返済額を算出しています。

=PMT(D6/12,D5,D2,D4)

	A	B	C	D	E
1	引数	意味	セルの内容	金額	
2	現在価値	借入金額	数値	1,000,000	
3	定期支払額	定期返済額	PMT関数	-86,527	
4	将来価値	最終返済額	数値	0	
5	期間	返済回数	数値	12	
6	利率(年)	借入利率	数値	7.0%	

📄 45

解説　●元利均等返済の場合の定期返済額とその内訳

元利均等返済を行う場合、右図のように「定期返済額＝元金返済額＋金利」となります。この中で、元金返済額だけを求めるにはPPMT関数（P.170参照）を、利息だけを求めるにはIPMT関数（P.170参照）を使用します。
また、元金返済額の累計額を簡単に求めるには、CUMPRINC関数（P.171参照）を、金利の累計額を簡単に求めるには、CUMIPMT関数（P.171参照）を使用します。

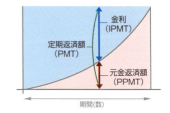

財務関数の中の「借入 / 返済の関数群」

●借入・返済にかかわる関数群とは

財務関数は、合計に使う関数のカテゴリーです。「借入 / 返済など」投資評価な「減価償却」「証券など」のさまざまな使用目的に合わせて用意されています。その中でもっとも特徴的なものが借入 / 返済にかかわる関数群です。これらの関数には次のような特徴があります。

◆入金は＋ / 出金は－

返済 / 貸付 / 投資のいずれの場合でも、出金は負の数字（金額）であり、借入 / 回収のいずれの場合でも、入金は正の数字（金額）で入力し、表示されます（これは他の財務関数にも共通です）。

◆利率と期間は同じ単位で

引数のうち、[利率] と [期間] とは表裏一体の関係にあり、[利率] が年利なら [期間]（期間数の方が理解しやすい）は 1 年に 1 回となります。月に 1 回の借入 / 返済 / 投資 / 回収を行うなら、[利率] は月利となり、年利を 12 等分し、[期間] は月単位で数えるので 1 年間なら 12 回となります。「期間数が 12 倍なら利率は 1/12」ということです。

◆5つ子の関数の組み合わせ

PMT 関数（定期支払額）、NPER 関数（期間）、RATE 関数（利率）、PV 関数（現在価値）、FV 関数（将来価値）の 5 つの関数は、実は 1 つの方程式で結ばれています。つまり 4 つの引数を与えれば、他の 1 つが求められるということです。

◆定期支払額の位置づけ

PMT 関数は、財務関数の基本的な構成を理解するには最適な関数で、「借入 / 返済と貸付 / 回収」「貯蓄 / 回収」「投資 / 回収」の計算を行うことができます。

上の 5 つの関数は、PMT 関数の考え方で統一されています。借入 / 返済の場合には「定期支払額」は「定期返済額」（元利金等返済における元金と金利の合計）になり、貯蓄 / 回収の場合は「定期貯蓄額」、投資 / 回収あるいは貸付 / 回収の場合は「定期回収額」となります。

財務 ▶ 借入返済　　　　　　　　　　　2007 2010 2013 2016

元利均等返済における指定期の元金返済額を求める
PPMT

書　式：PPMT(利率 , 期 , 期間 , 現在価値
[, 将来価値] [, 支払期日])

計算例：PPMT(0.07/12 , 1 , 12 , 1000000)
100万円を借り入れ、年利［7%］として［1年（12カ月）］で返済する場合の［1カ月目］の元金返済額［80,693］円を求める。

機　能 PPMT関数は、利率が一定であると仮定して、定期定額支払を行う場合に、特定の期を指定して元金返済額を求める関数であり、PMT関数の戻り値の元金部分に対応します。元金返済額の累計額を求めるには、CUMPRINC（P.171参照）関数を利用します。

財務 ▶ 借入返済　　　　　　　　　　　2007 2010 2013 2016

元利均等返済における指定期の利息を求める
IPMT

書　式：IPMT(利率 , 期 , 期間 , 現在価値
[, 将来価値] [, 支払期日])

計算例：IPMT(0.07/12 , 1 , 12 , 1000000)
100万円を借り入れ、年利［7%］として［1年（12カ月）］で返済する場合の、［1カ月目］の利息［5,833］円を求める。

機　能 IPMT関数は、利率が一定であると仮定して、定期定額の支払を行う場合に、特定の期を指定して金利を求める関数であり、PMT関数の戻り値の利息部分に対応します。
金利の累計額を求めるには、CUMIPMT関数（P.171参照）を利用します。

財務 ▶ 借入返済　　　　　　　　2007 2010 2013 2016

元利均等返済における指定期間の元金返済額累計を求める
CUMPRINC

書　式：CUMPRINC(利率 , 期間 , 現在価値 , 開始期 , 終了期 , 支払期日)

計算例：CUMPRINC(0.07/12 , 12 , 1000000 , 4 , 8 , 0)

100万円を借り入れ、年利［7%］、返済期間［1年］で返済中の［4カ月目］に、［8カ月目］までの返済分を繰上返済する場合の、元金返済額［415,387］円を求める。

機能　CUMPRINC関数は、元利均等返済等において指定期間に支払う元金返済額の累計を求めます。複数期の合計を一括して計算するため、返済期間の終了前に元金の一部を一括返済する「**繰上返済の計算**」や「**長期返済における一部の返済状況の表示**」に適しています。

財務 ▶ 借入返済　　　　　　　　2007 2010 2013 2016

元利均等返済における指定期間の金利累計を求める
CUMIPMT

書　式：CUMIPMT(利率 , 期間 , 現在価値 , 開始期 , 終了期 , 支払期日)

計算例：CUMIPMT(0.07/12 , 12 , 1000000 , 4 , 8 , 0)

100万円を借り入れ、年利［7%］、返済期間［1年］で返済中の［4カ月目］に、［8カ月目］までの返済分を繰上返済する場合の、利息累計額［17,247］円を求める。

機能　CUMIPMT関数は、元利均等返済において、指定した期間に借入金に対して支払う利息の合計額を求める関数です。この関数は、「**繰上返済によって節約できる利息の計算**」や「**長期返済における一部の返済状況の表示**」に適しています。

財務 ▶ 借入返済　　　　　　　　　　2007 2010 2013 2016

元利均等返済における利率を求める
RATE

書　式：RATE(期間 , 定期支払額 , 現在価値
　　　　　[, 将来価値] [, 支払期日] [, 推定値])

計算例：RATE(12 , 85000 , -1000000)

100万円を貸し付け、毎月[85,000]円ずつ[1年間（12カ月）]で回収するのに必要な月利を求める。12倍して年利は3.7%となる。

機能　「現在価値」と「定期支払額」は、「期間」に応じた「利率」を掛け合わせ続けて「将来価値」を実現します。RATE関数は、この場合の「利率」を求める関数であり、「期間」に対応して決定されます。

下表では、RATE関数およびNPER関数（P.173参照）の使用例を示します。これらの例は、PMT関数（P.168参照）の使用例と同じものです。

=RATE(D5,D3,D2,D4)*12

	A	B	C	D	E
1	引数	意味	セルの内容	金額	
2	現在価値	貸付金	PV	-1,000,000	
3	定期支払額	定期回収額	PMT	85,000	
4	将来価値	最終残額	FV	0	
5	支払回数	返済期間数	NPER	12	
6	利率	貸出金利	RATE	3.7%	

📄46

=NPER(D6/12,D3,D2,D4)

	A	B	C	D	E
1	引数	意味	セルの内容	金額	
2	現在価値	頭金	PV	-200,000	
3	定期支払額	定期貯蓄額	PMT	-60,000	
4	将来価値	貯蓄目標	FV	1,000,000	
5	支払回数	貯蓄期間数	NPER	12.830	
6	利率	預入金利	RATE	5.0%	

📄47

財務 ▶ 借入返済

元利均等返済における支払回数を求める
NPER

書　式：NPER(利率 , 定期支払額 , 現在価値
　　　　　[, 将来価値] [, 支払期日])

計算例：NPER(0.05/12 , -60000 , -200000 , 1000000)
　　　　年利［5%］、元金［200,000］円で、毎月［60,000］
　　　　円を積み立てる場合に、満期額［1,000,000］円に到達
　　　　するための積立回数［12.83］を求める。

機　能　「現在価値」と「定期支払額」は、「期間」に応じた「利率」を掛け合わせ続けて「将来価値」を実現します。NPER関数は、この場合の「支払回数」を「期間（数）」として求める関数です。

財務 ▶ 借入返済

元金均等返済における指定期の利息を求める
ISPMT

書　式：ISPMT(利率 , 期 , 期間 , 現在価値)

計算例：ISPMT(0.07/12 , 2 , 12 , 1000000)
　　　　［1,000,000］円を借り入れ、年利［7%］で［1年
　　　　（12カ月）］で返済する場合の、［2カ月目］の金利
　　　　［4,861］円を求める。

機　能　ISPMT関数は、表計算ソフトLotus1-2-3との互換性の維持のために準備された関数で、元金均等返済の場合に、指定した期における利息額を求めるのに利用します。

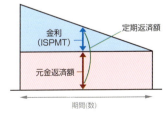

173

財務 ▶ 現在価値・将来価値

2007 2010 2013 2016

現在価値を求める
PV

書　式：PV(利率 , 期間 , 定期支払額
　　　　　[, 将来価値] [, 支払期日])

機　能　「現在価値」と「定期支払額」は、「期間」に応じた「利率」を掛け合わせ続けて「将来価値」を実現します。PV関数は、その「現在価値」を求める関数です。

この関数での「現在価値」は、投資においては**「投資金額」**、借入においては**「借入金額」**、貸付においては**「貸付金額」**、貯蓄においては**「頭金」**などに当たります。

財務 ▶ 現在価値・将来価値

2007 2010 2013 2016

将来価値を求める
FV

書　式：FV(利率 , 期間 , 定期支払額
　　　　　[, 現在価値] [, 支払期日])

機　能　「現在価値」と「定期支払額」は、「期間」に応じた「利率」を掛け合わせ続けて「将来価値」を実現します。FV関数は、実現される「将来価値」を求めます。

この関数における「将来価値」とは、「計算期間の期末における金額」という意味であり、「初期および中間期におけるキャッシュフローに金利を掛けて（必要があれば相殺して）実現する金額」となります。

この意味での「将来価値」は、借入では**「最終返済金額」**、貸付では**「最終回収金額」**、貯蓄においては**「貯蓄目標額」**または**「満期受領金額」**、投資においては**「投資の期末のリターン」**などの意味になります。

財務 ▶ 現在価値・将来価値

将来価値から利率を求める
RRI

書　式：RRI(期間 , 現在価値 , 将来価値)

計算例：RRI(10 , 1,000,000 , 1,200,000)

［現在価値］が100万円の投資をしたとき、10年後の［将来価値］が120万円になる場合の年利［0.018399376］を求める。

機能　RRI関数は、［期間］と［現在価値］から［将来価値］に到達するための利率を求めます。なお、［期間］は年を入力する年利での利用が多いですが、月利を求めたいときは［期間］に12を掛けて指定すれば利用できます。

解説　RRI関数は投資額と期間、目標額が決まっていて、適切な投資方法（年利）を選ぶ場合などに利用できます。

	A	B
1	投資期間(年)	10
2		
3	投資額(百万)	10
4	目標額(百万)	11
5	年利	0.009577

B5: =RRI(B1,B3,B4)

48

Memo
結果を％表示にしたい場合は？

RRI関数の返り値は百分率で表示されますが、パーセント表示にすると見やすくなります。パーセント表示は、＜ホーム＞タブの＜パーセントスタイル＞をクリックします。なお、パーセントスタイルでは小数点以下が表示されないので、＜ホーム＞タブの＜小数点以下の表示桁数＞を小数点以下の桁数分クリックして、表示桁数を設定するとよいでしょう。

財務 ▶ 現在価値・将来価値

2007 2010 2013 2016

定期キャッシュフローの正味現在価値を求める
NPV

書　式：NPV(割引率 , 値1 [, 値2 ...])

計算例：NPV(0.07 , B6:B10)

セル［B6］の投資を行い、その後翌期末以降にセル［B7：B10］収入があったときに、割引率を［7%］とした場合の正味現在価値［246］を求める。

機能 NPV関数は、一連の月次/年次などの「定期的なキャッシュフロー」をセル範囲または配列で記述し、［割引率］で割り戻して正味現在価値を算出します。

「投資の正味現在価値」は、将来行われる一連の支払い（負の数）と収益（正の数）を、指定した「割引率」によって現時点での価値に換算して求めます。「割引率」としては、「借入金利」や「利回り」などを使用します。
NPV関数の行う計算は、次の数式で表されます。

$$NPV = \sum_{i=1}^{\begin{bmatrix}キャッシュ\\フロー総数\end{bmatrix}} \frac{[i]期のキャッシュフロー}{(1+割引率)^i}$$

この数式で注意すべき点は、［i=1］の期のキャッシュフローも「割引」が行われるということであり、したがって「現在」とは「割引が行われない期」であるということです。あるいは、［i=1］の期の期首時点の現在価値を計算する場合には、最初の投資は［i=1］の期の期末に行われると考えます。

次ページの表では、セル［B6:B10］に入力した投資に、セル［B2］に入力した利回りを適用して割り戻した正味現在価値を、NPV関数を使ってセル［B1］に表示しています。この計算を、NPV関数を使わず順に割り戻し、その結果を第5行に表示してC5に集計して、計算を確認しています。

財務 ▶ 現在価値・将来価値

2007 2010 2013 2016

初期投資の将来価値を算出する
FVSCHEDULE

書　式：FVSCHEDULE(元金 , 利率配列)

計算例：FVSCHEDULE(1000000 , {0.1,0.1,0.1})

100万円を毎期10%の複利で貯蓄できた場合の満期金額を求める。

機能　FVSCHEDULE関数はFV関数（P.174参照）のバリエーションであり、金利が一定ではなく、投資期間内の一連の金利を複利計算することにより、初期投資の元金の[将来価値]を算出します。金利が変動または調整されるような投資の将来価値を計算する場合に使用します。

FV関数は1つの金利から将来価値を計算するのに対して、FVSCHEDULE関数は複数の金利から将来価値を計算します。FVSCHEDULE関数に同一の金利を入力するとFV関数と同じ結果になります。

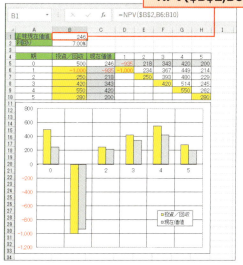

財務 ▶ 現在価値・将来価値 2007 2010 2013 2016

非定期キャッシュフローに対する正味現在価値を算出する
XNPV

書　式：XNPV(割引率 , キャッシュフロー , 日付)

機　能　NPV関数が「定期的なキャッシュフロー」の正味現在価値を求めるのに対し、XNPV関数は、「定期的でないキャッシュフロー」の正味現在価値を、[日付]とともに指定して算出します。XNPV関数は、次の数式で表されます。

$$XNPV = \sum_{i=1}^{n} \frac{values_i}{(1+rate)^{\frac{(d_i-d_1)}{365}}}$$

- d_i = i回目の支払日
- d_1 = 最初の支払日
- $values$ = i回目の支払額
- $rate$ = キャッシュフローに適用する割引率

財務 ▶ 現在価値・将来価値 2007 2010 2013 2016

定期キャッシュフローに対する内部利益率を求める
IRR

書　式：IRR(範囲 [, 推定値])

計算例：IRR(B6:B10)

セル範囲[B6:B10]に入力されている投資と回収のキャッシュフローの内部利益率[17.6％]を求める。

機　能　IRR関数は、一連の月次/年次などの定期的なキャッシュフローに対する内部利益率を算出します。「内部利益率」とは、一定の期間ごとに発生する投資（負の数）と収益（正の数）からなる投資の効率を表す利率で、NPV関数の計算結果が[0]であるときの利率として定義されます。

$$NPV = F(IRR) = \sum_{i=1}^{[キャッシュフロー総数]} \frac{\text{「}i\text{」期のキャッシュフロー}}{(1+IRR)^i} = 0$$

$$IRR = F^{-1}(NPV=0)$$

財務 ▶ 現在価値・将来価値　　　　　　　　　　　2007 2010 2013 2016

非定期キャッシュフローに対する内部利益率を算出する
XIRR

書　式：XIRR(範囲 , 日付 [, 推定値])

機　能　IRR が「定期的なキャッシュフロー」に対する内部利益率を算出するのに対し、XIRR は「定期的でないキャッシュフロー」に対する内部利益率を算出します。

XIRR の計算結果は、XNPV の計算結果が［0］であるときの利率となります。

財務 ▶ 現在価値・将来価値　　　　　　　　　　　2007 2010 2013 2016

定期キャッシュフローの修正内部利益率を算出する
MIRR

書　式：MIRR(範囲 , 安全利率 , 危険利率)

機　能　MIRR では、IRR や XIRR とは異なり、投資案件自体の利益率ではなく、投資資金の調達金利（Frate）と投資収益を再投資して得られる金利（Rrate）を考え、投資額の現在価値と、収益額の将来価値を計算して、その間の利回りを算出します。そのため、投資額（負のキャッシュフロー）と収益（正のキャッシュフロー）の現在価値を別々に計算します。

MIRR 関数は、次の数式で表されます。

　MIRR
　=（収益将来価値 / 投資現在価値)^(1/ 期間数)−1
　収益将来価値
　= 収益現在価値 *(1+ 再投資利率)^(期間数)

ゆえに、

$$\text{MIRR} = \left(\frac{-\text{NPV}(Rrate, Pos.CF) * (1+Rrate)^n}{\text{NPV}(Frate, Neg.CF) * (1+Frate)} \right)^{\frac{1}{n-1}} - 1$$

財務 ▶ 年利率

2007 2010 2013 2016

実効年利率を求める
EFFECT

書 式：EFFECT(名目利率 , 複利計算回数)

計算例：EFFECT(0.05 , 12)

名目年利率が［5.00%］の場合、1カ月複利の実質年利率［5.12%］を求める。

機 能 EFFECT関数は、1年当たりの「複利計算期間」をもとに、「名目利率」を「実効年利率」に変換します。実効年利率とは、期間内に名目年利率で複利計算を行って得られる実際の年利率のことです。

$$EFFECT = 実質年利率 = \left(1 + \frac{NOMINAL}{複利計算回数}\right)^{複利計算回数} - 1$$

財務 ▶ 年利率

2007 2010 2013 2016

名目年利率を求める
NOMINAL

書 式：NOMINAL(実効利率 , 複利計算期間)

計算例：NOMINAL(0.05 , 12)

実効利率［5%］を目標とする1年満期の定期預金で、1カ月複利の名目年利率［4.89%］を求める。

機 能 NOMINAL関数は、指定された「実効利率」と1年当たりの「複利計算期間」をもとに名目年利率を算出します。名目年利率とは、金融商品への投資などにおける、表面上の年利率のことです。

$$NOMINAL = 名目年利率 = 複利計算回数 \times \left(\sqrt[複利計算回数]{実質年利率 + 1} - 1\right)$$

財務 ▶ 変換関数　　　　　　　　　　　　　2007 2010 2013 2016

分数表示・小数表示の変換
DOLLARDE
DOLLARFR

書　式：DOLLARDE(分子 , 分母)
　　　　分数で表されたドル価格を小数表示に変換する。

書　式：DOLLARFR(小数値 , 分母)
　　　　小数で表されたドル価格を分数表示に変換する。

機能 DOLLARDE関数は「分数で表されたドル価格を小数表示に変換」し、DOLLARFR関数は、「小数で表されたドル価格を分数表示に変換」します。
「DOLLARDE」は「DOLLAR DEcimal」、「DOLLARFR」は「DOLLAR FRaction」の意味です。
この分数表示は、表示形式の設定の変更を必要とするものではなく、[分母] に指定した数値の桁数と同じ桁数の「小数部分」を使って、分数の分子を表します。

使用例　整数部で年を小数部で月数を表示する

DOLLARFR関数は、小数で表されたドル価格を分数表示に変換しますが、この関数の考え方を年数表示に応用すると、セル[B6]のように、簡単な年月表示ができます。

B6　＝DOLLARFR(B4/12,12)

	A	B	C
1	借入金	¥20,000,000	数値
2	定期返済額	¥-100,000	数値
3	最終返済額	¥0	数値
4	返済回数	277.61	NPER関数
5	借入金利	3.0%	数値
6	返済年数	23.02	YY.MM
7			
8	内容	数値	数式
9	月数	277.61	=B4
10	年数	23.13377513	=B9/12
11	整数年数	23	=INT(B9/12)
12	年数相当月数	276	=B11*12
13	端数月数	1.605301589	=B9-B12
14	DOLLARFR引数	23.13377513	=B9/12
15	DOLLARFR戻り値	23.01605302	=DOLLARFR(B14,12)
16	DOLLARDE戻り値	23.13377513	=DOLLARDE(B15,12)

50

財務 ▶ 減価償却　　　　　　　　　　　　　2007 2010 2013 2016

減価償却費を旧定率法で求める
DB

書　式：DB(取得価額 , 残存価額 , 耐用年数 , 期 [, 月])

機能　DB関数は、特定の期における資産の減価償却費を「定率法」で求める関数です。定率法は、毎年同じ「割合」で資産価額を償却していく方法です。
定率法では、減価償却費ははじめの期ほど多く、あとの期になるにつれて減少していきます。

財務 ▶ 減価償却　　　　　　　　　　　　　2007 2010 2013 2016

定率法で減価償却を算出する
DDB

書　式：DDB(取得価額 , 残存価額 , 耐用年数 , 期 [, 率])

機能　DDB関数は、減価償却費を求めます。もともとは日本では使われない方法でしたが、平成19年度の税制改正により、日本の定率法の減価償却費の計算に利用できるようになりました。

財務 ▶ 減価償却　　　　　　　　　　　　　2007 2010 2013 2016

償却保証額を境に定額法に切り替えて減価償却費を算出する
VDB

書　式：VDB(取得価額 , 残存価額 , 耐用年数 , 開始期 , 終了期 [, 率] [, 切り替えなし])

機能　VDB関数は、定率法による減価償却費を求めますが、[切り替えなし]を省略するか、[FALSE]を指定すると、償却保証額を下回ったら定額法に切り替わります。

財務 ▶ 減価償却　　　　　　　　　　　　2007 2010 2013 2016

減価償却費を定額法で求める
SLN

書　式：SLN(取得価額 , 残存価額 , 耐用年数)

機　能　SLN関数は、定額法を使用して、資産の1期当たりの減価償却費を算出します。

$$SLN = \frac{取得価額 - 残存価額}{耐用年数}$$

「定額法」の名前のごとく、この償却費用金額は期によって変化しません。

定額法は減価償却費が一定で、期末簿価は一定額で減少します。定率法に比べて、減価償却が遅いことが特徴です。

財務 ▶ 減価償却　　　　　　　　　　　　2007 2010 2013 2016

減価償却費を算術級数法で求める
SYD

書　式：SYD(取得価額 , 残存価額 , 耐用年数 , 期)

機　能　算術級数法はアカデミックな償却方法です。米国では利用できますが、日本では利用が認められていません。

財務 ▶ 減価償却　　　　　　　　　　　　2007 2010 2013 2016

各会計期における減価償却費を算出する
AMORDEGRC　　AMORLINC

書　式：AMORDEGRC(取得価額 , 購入日 , 開始期 , 残存価額 , 期 , 率 [, 年の基準])

書式例：AMORLINC(取得価額 , 購入日 , 開始期 , 残存価額 , 期 , 率 [, 年の基準])

機　能　AMORDEGRC関数とAMORLINC関数は、フランスの会計システムのために用意されているもので、各会計期における減価償却費を算出します。

財務 ▶ 証券　　　　　　　　　　　　　2007 2010 2013 2016

定期的に利子が支払われる証券の年間のマコーレー係数を算出する
DURATION

書　式：DURATION(受渡日 , 満期日 , 利率 , 利回り , 頻度 [, 基準])

機　能　DURATION関数は、定期的に利子が支払われる証券の「マコーレー係数(デュレーション)」を算出します。これは、「債券のキャッシュフローまでの期間を現在価値で加重平均した期間」で、債券の残存期間の代わりに、利回りの変更に対する債券価格の反応の指標として使用されます。

財務 ▶ 証券　　　　　　　　　　　　　2007 2010 2013 2016

証券に対する修正マコーレー係数を算出する
MDURATION

書　式：MDURATION(受渡日 , 満期日 , 利率 , 利回り , 頻度 [, 基準])

機　能　MDURATION関数は、額面価格を＄100と仮定して、証券に対する「修正マコーレー係数（修正デュレーション）」を算出します。マコーレー係数が債券の投資期間の指標として用いられるのに対し、マコーレー係数を（1＋利率）で割ったものである修正マコーレー係数は、債券価格の金利感応度を表すものとして用いられます。

財務 ▶ 証券　　　　　　　　　　　　　2︎✕︎7 2︎✕︎0 2013 2016

目標価値になるまでの投資期間を算出する
PDURATION

書　式：PDURATION(利率 , 現在価値 , 将来価値)

機　能　PDURATION関数は、[利率]と[現在価値]をもとに[将来価値]になるまでの投資期間を求めます。

なお、この関数は Excel 2010 にはありませんが、「=([将来価値] − [現在価値]) / (1 + [利率])」という数式を利用すると期間を求めることができます。

財務 ▶ 証券　　　　　　　　　　　　2007 2010 2013 2016

割引債の償還価格を算出する
RECEIVED

書　式：RECEIVED(受渡日 , 満期日 , 投資額 , 割引率 [, 基準])

機　能　RECEIVED 関数は、割引債を満期まで保有していた場合の [満期日] に支払われる償還価格を算出します。

財務 ▶ 証券　　　　　　　　　　　　2007 2010 2013 2016

全額投資された証券の利率を算出する
INTRATE

書　式：INTRATE(受渡日 , 満期日 , 投資額 , 償還価額 [, 基準])

機　能　INTRATE 関数は、全額投資された証券に対して、証券の利率を算出します。[投資額] に、[償還価格] を [100] として換算した価格を指定すると、YIELDDISC 関数と同じ意味になり、同じ結果を得ます。

財務 ▶ 証券　　　　　　　　　　　　2007 2010 2013 2016

割引債の年利回りを算出する
YIELDDISC

書　式：YIELDDISC(受渡日 , 満期日 , 現在価値 , 償還価額 [, 基準])

機　能　YIELDDISC 関数は、割引債の年利回りを算出します。

財務 ▶ 証券　　　　　　　　　　　2007 2010 2013 2016

割引債の割引率を算出する
DISC

書 式：DISC(受渡日 , 満期日 , 現在価値 , 償還価額 [, 基準])

機 能 割引債は利息がない代わりに額面より割り引いて、安く購入し、満期に額面を受取る債券です。DISC関数は割引債の割引率を算出します。

財務 ▶ 証券　　　　　　　　　　　2007 2010 2013 2016

割引債の額面100に対する価格を算出する
PRICEDISC

書 式：PRICEDISC(受渡日 , 満期日 , 割引率 , 償還価額 [, 基準])

機 能 PRICEDISC関数は、発行価格を額面より安くして発行する割引債に対して、額面100に対する現在価格を算出します。

使用例 割引債の現在価格を求める

下表は、割引率1.5%の割引債を購入するときの額面100当たりの現在価格を求めています。[受渡日]に債券の発行日を指定すれば、発行価格となります。また、すでに発行済みの債券であれば、時価となります。この価格は実際に取り扱われている債券の価格の目安になります。

=PRICEDISC(B1,B2,B3,B4,B5)

	A	B
1	受渡日	2012/10/1
2	満期日	2016/10/1
3	割引率	1.50%
4	償還価額	100
5	基準	1
6		
7	現在価格	94.00

51

財務 ▶ 証券

2007 2010 2013 2016

定期利付債の利回りを求める
YIELD

書　式：YIELD(受渡日 , 満期日 , 利率 , 現在価値 , 償還価額 , 頻度 [, 基準])

機能 YIELD関数は、利息が定期的に支払われる債券の利回りを算出します。［受渡日］に債券の発行日を指定すると応募者利回りが求められます。

財務 ▶ 証券

2007 2010 2013 2016

満期利付債の利回りを求める
YIELDMAT

書　式：YIELDMAT(受渡日 , 満期日 , 発行日 , 利率 , 現在価値 [, 基準])

機能 YIELDMAT関数は、［満期日］に利息が支払われる債券の利回りを算出します。なお、［受渡日］と［発行日］を同日にすると［#NUM!］エラーになります。

使用例　債券の最終利回りを求める

下表は定期利付債と満期利付債について、満期まで保有していた場合の利回りを求めています。条件はいずれも、額面［100］の外国の5年債を発行日から9ヵ月後に時価［101.18］で購入したものとし、定期利付債は年に2回の利払いがあるとしています。

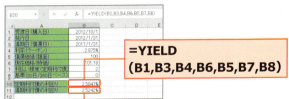

財務 ▶ 証券

2007 2010 2013 2016

定期利付債の時価を求める
PRICE

書 式：PRICE(受渡日 , 満期日 , 利率 , 利回り , 償還価額 , 頻度 [, 基準])

機能 PRICE関数は、定期的に利息が支払われる債券に対して、額面$100当たりの時価を算出します。

財務 ▶ 証券

2007 2010 2013 2016

満期利付債の時価を求める
PRICEMAT

書 式：PRICEMAT(受渡日 , 満期日 , 発行日 , 利率 , 利回り [, 基準])

機能 PRICE関数は、[満期日]に利息が支払われる債券に対して、額面$100当たりの時価を算出します。

使用例 既発債券の時価を求める

下表は既に発行された定期利付債と満期利付債の購入時の時価を求めています。条件は、額面[100]、利率[4%]、利回り[3%]の外国の5年債で、発行日から1年後に購入したものとします。なお、定期利付債は年に2回の利払いがあるとします。債券を購入する際、関数の結果を目安に店頭の時価と比較することが可能です。

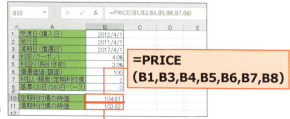

財務 ▶ 証券

2007 2010 2013 2016

定期利付債の経過利息を求める
ACCRINT

書　式：ACCRINT(発行日 , 最初の利払日 , 受渡日 , 利率 , 額面 , 頻度 [, 基準])

機能 ACCRINT関数は、本来、利払日と利払日の間で購入した債券について、前回の利払日から受渡日までに発生した経過利息を算出する関数です。しかし、引数どおりに入力するとたんに［発行日］から［受渡日］までに発生する利息になります。

使用例 債券の経過利息を求める

現在のACCRINT関数は、引数［最初の利払日］が使われていません。そこで、引数を次のように読み替えて指定することで債券の売買時における経過利息をセル［B12］に求めます。

ACCRINT（前回利払い日, 最初の利払日, 受渡日, 利率, 額面, 頻度 [, 基準]）

また、検算として発行日から前回利払日までの利息をセル［F2］、発行日から受渡日までの利息をセル［F4］に求め、セル［F4］からセル［F2］を引いた結果をセル［F6］に表示しています。

=ACCRINT(B8,B7,B1,B4,B5,B6,B9)

財務 ▶ 証券

2007 2010 2013 2016

満期利付債の利息を求める
ACCRINTM

書 式：ACCRINTM(　発行日　,　受渡日　,　利率　,　額面　[,　基準　])

機能 ACCRINTM関数は、満期日に利息が支払われる債券の利息を算出します。[受渡日]に満期日を入力すると、発行から満期までに発生する利息の合計が求められます。

ACCRINTM関数は指定する引数を次のように読み替えることによって、債券保有期間の利息を求めることができます。

ACCRINTM（受渡日（買付）,受渡日（売付）,利率 [,額面] [,基準]）

(使用例) 債券の利息を求める

セル[B8]は発行時から満期まで全期間保有していた場合の利息の合計を示します。また、セル[B10]には、受渡日から満期まで保有していた場合の利息の合計を示します。

=ACCRINTM(B2,B3,B4,B5,B6)

	A	B
1	受渡日(購入日)	2012/2/1
2	発行日	2010/10/25
3	満期日(償還日)	2016/4/1
4	利率(クーポン)	3.2%
5	償還価値(額面)	100
6	基準(30日/360日)	0
8	発行日から満期までの利息	17.4
9	受渡日から満期までの利息	13.3

=ACCRINTM(B1,B3,B4,B5,B6)

財務 ▶ 証券

2007 2010 2013 2016

最初の利払期間が半端な利付債の現在価格を算出する
ODDFPRICE

書　式：ODDFPRICE(受渡日 , 満期日 , 発行日 , 初回利払日 , 利率 , 利回り , 償還価額 , 利払頻度 [, 計算基準])

機　能　通常、利付債の利払期間は発行日から起算して等間隔になっています。たとえば、年2回の利払いがある債券では発行日から起算して半年ごとに利払いがあります。しかし、債券によっては最初の利払期間だけ、もしくは、最後の利払期間だけ他の利払期間の日数と異なる場合があります。このような場合は「ODD」ではじまる関数を利用して現在価格や利回りを計算します。

ODDFPRICE関数は、最初の利払期間が異なる利付債の現在価格を求める関数です。

財務 ▶ 証券

2007 2010 2013 2016

最後の利払期間が半端な利付債の現在価格を算出する
ODDLPRICE

書　式：ODDLPRICE(受渡日 , 満期日 , 最終利払日 , 利率 , 利回り , 償還価額 , 頻度 [, 基準])

機　能　ODDLPRICE関数は、額面$100当たりの価格を、最終期の日数が半端な証券に対して算出します。

Memo

受渡日、満期日について

債券などの証券に対して計算する場合、[受渡日] は証券の売買代金を決済した日、[満期日] は証券の支払期日を指定します。たとえば、2016年1月1日に発行された20年債券を、発行日の3カ月後に購入した場合、[受渡日] は2016年4月1日になり、[満期日] は2026年1月1日になります。

財務 ▶ 証券　　　　　　　　　　　2007 2010 2013 2016

最初の利払期間が半端な利付債の利回りを算出する
ODDFYIELD

書　式：ODDFYIELD(受渡日 , 満期日 , 発行日 , 初回利払日 , 利率 , 償還価額 , 頻度 [, 基準])

機能 ODDFYIELD関数は、1期目の日数が半端な証券の利回りを算出します。例では、最初の利払期間が半端（2016/11/10 ～ 2017/3/1）な証券の利回りを算出しています。

	A	B
1	受渡日	2016/11/10
2	満期日	2025/3/1
3	発行日	2016/10/15
4	初回利払日	2017/3/1
5	利率	0.565
6	現在価格	85.8
7	償還価格	100
8	頻度	2
9	利回り	0.660817

B9: =ODDFYIELD(B1,B2,B3,B4,B5,B6,B7,B8)

財務 ▶ 証券　　　　　　　　　　　2007 2010 2013 2016

最後の利払期間が半端な利付債の利回りを算出する
ODDLYIELD

書　式：ODDLYIELD(受渡日 , 満期日 , 最終利払日 , 利率 , 価格 , 償還価額 , 利払頻度 [, 計算基準])

機能 ODDLYIELD関数は、最終期の日数が半端な証券の利回りを算出します。

> **Memo**
> **受渡日の指定について**
> ODDFYIELD関数は最初の利払期間だけ半端になる利付債の利回りを求めます。購入したときにすでに最初の利払いを終えている場合、YIELD関数を使えば済みますが、受渡日が最初の利払日より前である場合にODDFYIELD関数を利用します。

財務 ▶ 利子債

2007 2010 2013 2016

前回の利払日から受渡日までの日数を算出する
COUPDAYBS

書　式：COUPDAYBS(受渡日 , 満期日 , 頻度 [, 基準])

機　能　COUPDAYBS 関数は、証券の利払期の1日目から［受渡日］までの日数を算出します。

財務 ▶ 利子債

2007 2010 2013 2016

債券の利払期間を算出する
COUPDAYS

書　式：COUPDAYS(受渡日 , 満期日 , 頻度 [, 基準])

機　能　COUPDAYS 関数は、証券の［受渡日］を含む利払期間の日数を算出します。

財務 ▶ 利子債

2007 2010 2013 2016

前回の利払日を算出する
COUPPCD

書　式：COUPPCD(受渡日 , 満期日 , 頻度 [, 基準])

機　能　COUPPCD 関数は、証券の［受渡日］以前でもっとも近い（直前）利払日を算出します。なお、この結果はシリアル値で返されるため、日付を表示する場合は、セルの表示形式を［日付］にしておく必要があります。

財務 ▶ 利子債　　　　　　　　　　　　2007 2010 2013 2016

次回の利払日を算出する
COUPNCD

書式：COUPNCD(受渡日 , 満期日 , 頻度 [, 基準])

機能 COUPNCD関数は、証券の［受渡日］以降でもっとも近い（次回）利払日を算出します。なお、この結果はシリアル値で返されるため、日付を表示する場合は、セルの表示形式を［日付］にしておく必要があります。

財務 ▶ 利子債　　　　　　　　　　　　2007 2010 2013 2016

受渡日から次の利払日までの日数を算出する
COUPDAYSNC

書式：COUPDAYSNC(受渡日 , 満期日 , 頻度 [, 基準])

機能 COUPDAYSNC関数は、証券の［受渡日］から次の利払日までの日数を算出します。

財務 ▶ 利子債　　　　　　　　　　　　2007 2010 2013 2016

受渡日と満期日の間に利息が支払われる回数を算出する
COUPNUM

書式：COUPNUM(受渡日 , 満期日 , 頻度 [, 基準])

機能 COUPNUM関数は、証券の［受渡日］と［満期日］の間に利息が支払われる回数を算出します。

定期利付債の日付情報

COUP（クーポン）ではじまる6つの関数は定期利付債の各種日付情報を知るために用意されています。債券は新規の応募時期以外（新発債）にも既に発行されているもの（既発債）を購入することも可能です。COUP ではじまる6つの関数は既発債の受渡日を基準に前後の利払日や利払日までの日数、利払回数などを求めることができます。

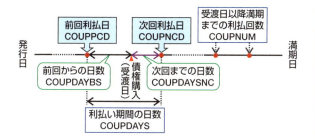

下表は年2回の利払いがある利付債の利払いに関する日付や日数を求めています。通常、利払期間は発行日から起算して等間隔になっています。たとえば、年2回であれば、発行日から半年ごとに利払日が設定されます。下図は、満期日が4月27日のため、利払日は毎年10月27日と4月27日になります。受渡日が9月15日の場合、前回の利払日から141日が経過しており、この日数分だけ経過利息が発生していると見ることができます。

	A	B	C	D	E
1	受渡日（購入日）	2010/9/15		前回利払日	2010/4/27
2	満期日（償還日）	2016/4/27		前回の利払日から受渡日までの日	141
3	頻度（年間利払回数）	2			
4	基準（実際の日数）	1		次回利払日	2010/10/27
5				受渡日から次回利払日までの日	42
6	受渡日から満期までの利払回数	12			
7					
8	利払期間の日数	183			

セル［E1］と［E4］において、関数を入力した直後の利払日はシリアル値で表示されます。日付形式で表示されるように適宜セルの書式を変更しておきます。

財務 ▶ 利子債　　　　　　　　　　　　2007 2010 2013 2016

米国財務省短期証券の額面$100当たりの価格を算出する
TBILLPRICE

書　式：TBILLPRICE(受渡日 , 満期日 , 割引率)

機　能　TBILLPRICE 関数は、米国財務省短期証券（Treasury Bill）の額面 $100 当たりの価格を算出します。

財務 ▶ 利子債　　　　　　　　　　　　2007 2010 2013 2016

米国財務省短期証券の利回りを算出する
TBILLYIELD

書　式：TBILLYIELD(受渡日 , 満期日 , 現在価値)

機　能　TBILLYIELD 関数は、米国財務省短期証券（Treasury Bill）の額面 $100 当たりの利回りを算出します。

財務 ▶ 利子債　　　　　　　　　　　　2007 2010 2013 2016

米国財務省短期証券の債券に相当する利回りを算出する
TBILLEQ

書　式：TBILLEQ(受渡日 , 満期日 , 割引率)

機　能　TBILLEQ 関数は、米国財務省短期証券（Treasury Bill）の額面 $100 当たりの債券に相当する利回りを算出します。

Memo
財務関数利用の注意

財務関数には日本ではあまり利用する機会のない米国財務省短期証券を扱うための関数や、日本国内では税法上利用できない納税に関する関数などがあります。十分な知識がない場合は、これらを誤って使ってしまわないように注意しましょう。

第5章

論理

論理

2007 2010 2013 2016

条件で分岐して異なる計算結果を返す
IF

書 式：IF(論理式 , 真の場合 [, 偽の場合])

計算例：IF(A1>=50 , "合格" , "不合格")

セル「A1」の値が 50 以上の場合は[合格]、そうでない場合は[不合格]と表示する。

機能 IF 関数は、[論理式]を評価し、その結果が[TRUE]のとき[真の場合]の計算結果を返し、[FALSE]のとき[偽の場合]の計算結果を返します。[偽の場合]が省略されていて、[論理式]が[FALSE]のときは、[0]を返します。

[論理式]には、TRUE/FALSE の判断ができる数式などを記述します。AND 関数や OR 関数(P.199 参照)を使うこともあります。

最大 64 階層までの IF を引数[真の場合]、または引数[偽の場合]としてネストすることで、複雑な評価を行うことができます。

(使用例) 3科目とも70点以上なら合格の判定を行う

AND 関数を利用して、点数によって表示が変わるようにしています。

論理式　：AND(C3>=70,D3>=70,E3>=70)
真の場合：" 合格 "
偽の場合：" 不合格 "

=IF(AND(C3>=70,D3>=70,E3>=70),"合格","不合格")

国語≧ 70
かつ数学≧ 70
かつ英語≧ 70

真 → 合格
偽 → 不合格

A	B	C	D	E	F	G
		試験結果				合否
		国語	数学	英語	3科目合計	
1	石井 友加	78	85	72	235	合格
2	犬貝 智子	85	78	75	238	合格
3	永易 真由美	68	80	100	248	不合格

58

論理

2007 2010 2013 2016

複数の条件をすべて満たすかどうかを調べる
AND

書　式：AND(論理式1 [, 論理式2] [, 論理式3 ...])

計算例：AND(A1>=10 , A1<=20)

「[10] ≦ A1 ≦ [20]」という条件を満たす場合は [TRUE] を返し、そうでない場合は [FALSE] を返す。

機能　AND 関数は、すべての引数が [TRUE] のとき [TRUE] を返し、1 つでも [FALSE] の引数があると [FALSE] を返します。主に IF 関数の [論理式] に組み合わせて使用され、1 ～ 255 個の引数が設定できます。前ページの使用例に、「3 つの条件をすべて満たす」場合の論理式の例を示しました。

論理

2007 2010 2013 2016

複数の条件のいずれか1つを満たすかどうかを調べる
OR

書　式：OR(論理式1 [, 論理式2] [, 論理式3 ...])

計算例：OR(A1<10 , A1>20)

「A1 < [10]」または「A1 > [20]」という条件のうち、いずれか1つでも満たす場合は [TRUE] を返し、そうでない場合は [FALSE] を返す。

機能　OR 関数は、いずれかの引数が [TRUE] のとき [TRUE] を返し、すべての引数が [FALSE] である場合に [FALSE] を返します。主に IF 関数の [論理式] に組み合わせて使用され、1 ～ 255 個の引数が設定できます。前ページの使用例の論理式「AND(C3>=70,D3>=70,E3>=70)」を、OR 関数で「OR(C3<70,D3<70,E3<70)」と書き直し、「真の場合」と「偽の場合」を入れ替えても同じ結果が得られます。

論理

2×17 2×0 2013 2016

複数の条件で奇数の数を満たすかどうかを調べる
XOR

書　式：XOR(論理式1 , [論理式2] ,...)

計算例：XOR(A2>100 , B2>100)

セル [A2]、[B2] の値が 100 よりも大きいかどうかを判断し、100 より大きいセルが 1 つ (奇数) の場合は [TRUE]、2 つ (偶数) の場合は [FALSE] を返す。

機能 XOR 関数は、複数の条件によって求められる結果の数が奇数か偶数かによって、[TRUE]、[FALSE] を返します。XOR は排他的論理和と呼ばれる論理演算で、一方の値が 1 の場合に [TRUE]、それ以外は [FALSE] を返します (P.201 参照)。
なお、Excel 2007 / 2010 には XOR 関数はありませんが、計算例の代わりに、「＝ (A2 ＞ 60) ＜＞ (B2 ＞ 60) ＜＞ (C2 ＞ 60)」という数式を利用することができます。＜＞については、P.304 を参照してください。

論理

2007 2010 2013 2016

[TRUE]のとき[FALSE]、[FALSE]のとき[TRUE]を返す
NOT

書　式：NOT(論理式)

計算例：NOT(A2="東京都")

セル [A2] が [東京都] のとき、[FALSE] を返す。

機能 NOT 関数は、[論理式] の戻り値が [TRUE] のとき [FALSE] を、[FALSE] のとき [TRUE] を返します。この関数は、たとえば「NOT(A=B)」のように、ある値が特定の値と等しくない (A ≠ B) ことを確認してから先に進むような場合に使用します。

論理演算とは

演算とは、なんらかの処理(計算)を行い結果の値を得ることです。四則演算という場合は「加算」、「減算」、「乗算」、「除算」を行い、それぞれ「加算結果」、「減算結果」、「乗算結果」、「除算結果」を得ることができます。たとえば「10 + 20」という加算を行う場合、その結果として「30」を得ることになります。

論理演算も同様に、なんらかの処理(計算)を行い結果の値を得る場合に用います。論理演算には、「AND演算」、「OR演算」、「XOR演算」、「NOT演算」があり、Excelで演算を行う場合はそれぞれ「AND関数」、「OR関数」、「XOR関数」、「NOT関数」を使用します。

論理演算は0(偽:FALSE)と1(真:TRUE)の組み合わせで演算を行います。また、四則演算のように桁上がりや桁下がりはなく、0と1の組み合わせのみの演算です。

それぞれの論理演算の結果を表す表を「真理値表」といい、それぞれ次のように表されます。

●AND演算の真理値表

(すべての値が「1(真)」の場合に「1(真)」を返し、それ以外は「0(偽)」を返す)

値1	値2	「値1 AND 値2」の演算結果
0(偽)	0(偽)	0(偽)
0(偽)	1(真)	0(偽)
1(真)	0(偽)	0(偽)
1(真)	1(真)	1(真)

●OR演算の真理値表

(いずれかの値が「1(真)」の場合に「1(真)」を返し、それ以外は「0(偽)」を返す)

値1	値2	「値1 OR 値2」の演算結果
0(偽)	0(偽)	0(偽)
0(偽)	1(真)	1(真)
1(真)	0(偽)	1(真)
1(真)	1(真)	1(真)

●XOR演算の真理値表

(一方の値が「1(真)」の場合に「1(真)」を返し、それ以外は「0(偽)」を返す)

値1	値2	「値1 XOR 値2」の演算結果
0(偽)	0(偽)	0(偽)
0(偽)	1(真)	1(真)
1(真)	0(偽)	1(真)
1(真)	1(真)	0(偽)

●NOT演算の真理値表

(値が「1(真)」の場合は「0(偽)」を返し、値が「0(偽)」の場合は「1(真)」を返す)

値	「NOT 値」の演算結果
0(偽)	1(真)
1(真)	0(偽)

論理

2007 2010 2013 2016

対象がエラーの場合に指定した値を返す
IFERROR

書　式：IFERROR(計算式 , エラー返り値)

計算例：IFERROR(C3/B3 , "--")

計算式［C3/B3］がエラーの場合は"--"を表示し、エラーでない場合は、計算式［C3/B3］の結果を返す。

機能 IFERROR関数は、計算結果のエラーをトラップ処理する関数であり、［計算式］に指定した計算式の計算結果がエラーでなければそのまま返しますが、計算結果がエラーの場合は、［エラー返り値］に指定した値を返します。

IFERROR関数がエラーとして扱うものは、ISERROR関数（P.211参照）の対象と同じ、次の7つのエラー値です。

エラー値	原因
#VALUE!	数式の参照先、引数の型、演算子の種類などが間違っている場合
#N/A	LOOKUP関数やMATCH関数などの検索関数で、検索した値が検索範囲内に存在しない場合
#REF!	参照先のセルがある列や行を削除した場合
#DIV/0!	割り算の除数の値が0の場合。または、除数を参照するセルが空白の場合
#NUM!	関数の引数が適切でない場合。または、Excelで処理できない範囲の数値が計算結果で入力される場合
#NAME?	関数名やセル範囲名が違っている場合
"NULL!	参照先のセルが存在しない場合

解説 ●エラー値を扱うIS関数

エラー値を判別するIS関数には、ISERROR関数もあります。これらを使用したい場合は、従来の方法を用いる必要があります。

- ISNA関数

  ［対象］がエラー値［#N/A］の場合のみ［TRUE］を返します（P.212参照）。

- ISERR 関数

  [対象]がエラー値[#N/A]を除くエラー値の場合[TRUE]を返します(P.213 参照)。

  IFERROR 関数を使用して計算できない(エラーになる)場合にエラー値ではなく、「－－」を表示します。

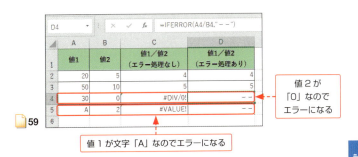

値2が「0」なのでエラーになる

値1が文字「A」なのでエラーになる

論理

結果がエラー値[#N/A]の場合は指定した値を返す IFNA

書　式：IFNA(計算式 , エラー返り値)

計算例：IFNA(VLOOKUP (A3 , $D$3:$E$11 , 2 , FALSE), "未登録")

VLOOKUP 関数の検索値が検索範囲に存在しない場合、「未登録」と表示する。

機能 IFNA 関数は、VLOOKUP 関数などの検索関数を利用した計算式において、結果の値がエラー値[#N/A](範囲内に値が存在しない)になった場合は、[エラー返り値]を返します。これ以外のエラー値の場合はそのエラー値を、エラーのない正しい結果の場合はその値を返します。

| B3 | | | fx | =IFNA(VLOOKUP(A3,$D$3:$E$11,2,FALSE),"未登録") |

	A	B	C	D	E
1	受講生名簿			1年名簿	
2	No	氏名		No	氏名
3	2001	未登録		1001	青山 克彦
4	1001	青山 克彦		1002	加藤 京香
5	1004	髙橋 美穂		1003	佐々木 浩
6	2016	未登録		1004	髙橋 美穂
7	1005	野田 五郎		1005	野田 五郎
8	1056	未登録		1006	渡辺 信二
9	2007	未登録		1007	柳田 精一
10	2011	未登録		1008	小川 路子
11	1002	加藤 京香		1009	春日 恭子

論理

2007 2010 2013 2016

必ず[TRUE]を返す
TRUE

書　式：TRUE()

論理

2007 2010 2013 2016

必ず[FALSE]を返す
FALSE

書　式：FALSE()

機能 TRUE関数とFALSE関数は引数をとらない関数で、TRUE関数はつねに[TRUE]を返し、FALSE関数はつねに[FALSE]を返します。

TRUE関数やFALSE関数を入力する代わりに、セルや数式の中に直接「TRUE」または「FALSE」と入力することも可能です。TRUE関数とFALSE関数は、他の表計算ソフトとの互換性を維持するために用意されています。

第6章

情報

情報 ▶ IS関数　　　　　　　　　2007 2010 2013 2016

対象が文字列の場合[TRUE]を返す
ISTEXT

書　式：ISTEXT(対象)

計算例：ISTEXT("EXCEL")

データ[EXCEL]は文字列なので[TRUE]を返す。

機能　ISTEXT関数は、[対象]が文字列や文字列が入力されたセルを参照する場合に[TRUE]を返します。使用例は、下段の表参照。

情報 ▶ IS関数　　　　　　　　　2007 2010 2013 2016

対象が文字列ではない場合[TRUE]を返す
ISNONTEXT

書　式：ISNONTEXT(対象)

計算例：ISNONTEXT(123)

データ[123]は文字列ではないので[TRUE]を返す。

機能　ISNONTEXT関数は、[対象]が文字列以外のデータや、それらが入力されたセルを参照する場合に[TRUE]を返します。使用例は、下表参照。

分類表		テスト値	ISTEXT	ISNONTEXT
文字列		"123"	TRUE	FALSE
数値		123	FALSE	TRUE
	奇数	11	FALSE	TRUE
	偶数	10	FALSE	TRUE
エラー値	#N/A	#N/A	FALSE	TRUE
	#N/A以外	#NAME?	FALSE	TRUE
論理値		TRUE	FALSE	TRUE
空白セル			FALS	TRUE

情報関数

情報関数には、「IS」ではじまる関数が11種類あります。これらは総称して「IS（イズ）関数」と呼びます。「IS」とは、「○○であるかどうか」という意味です。○○には、ISに続く関数名が当てはまります。この他、データやエラーに関する情報を取得する関数が7種類あります。

大分類	小分類			関数名
IS関数	文字列			ISTEXT
	非文字列			ISNONTEXT
		数値		ISNUMBER
			偶数	ISEVEN
			奇数	ISODD
		エラー値		ISERROR
			#N/A	ISNA
			#N/A以外	ISERR
		論理値		ISLOGICAL
		空白セル		ISBLANK
	セル参照			ISREF
				ISFORMULA
データに関する情報の取得	引数に発生したエラーのタイプを表す数値を返す			ERROR.TYPE
	引数のデータタイプを表す数値を返す			TYPE
データの発生・変換・抽出	エラー値の発生			NA
	数値への変換			N
	ふりがなの抽出			PHONETIC
シートに関する情報の取得	シートのシート番号を返す			SHEET
	シート数を返す			SHEETS
Excelに関する情報の取得	現在のExcelの操作環境に関する情報			INFO
	セルの書式、位置、内容に関する情報			CELL

情報 ▶ IS関数　　　2007 2010 2013 2016

対象が数値の場合[TRUE]を返す
ISNUMBER

書　式：ISNUMBER(対象)

計算例：ISNUMBER(123)

　　データ［123］は数値なので［TRUE］を返す。

機能 ISNUMBER 関数は、[対象] が数値あるいは数値が入力されたセルを参照する場合に [TRUE] を返します。

情報 ▶ IS関数
2007 2010 2013 2016

対象が偶数の場合[TRUE]を返す
ISEVEN

書　式：ISEVEN(数値)
指定した数値が偶数の場合に [TRUE] を返す。

機能 ISEVEN 関数は [数値] が偶数のとき [TRUE]、奇数のとき [FALSE] を返します。使用例は、下段の表参照。

情報 ▶ IS関数
2007 2010 2013 2016

対象が奇数の場合[TRUE]を返す
ISODD

書　式：ISODD(数値)
指定した数値が奇数の場合に [TRUE] を返す。

機能 ISODD 関数は [数値] が奇数のとき [TRUE]、偶数のとき [FALSE] を返します。使用例は、下表参照。

分類表		テスト値	ISNUMBER	ISODD	ISEVEN
文字列		"123"	FALSE	#VALUE!	#VALUE!
数値		123	TRUE	TRUE	FALSE
	奇数	11	TRUE	TRUE	FALSE
	偶数	10	TRUE	FALSE	TRUE
エラー値	#N/A	#N/A	FALSE	#N/A	#N/A
	#N/A以外	#NAME?	FALSE	#NAME?	#NAME?
論理値		TRUE	FALSE	#VALUE!	#VALUE!
空白セル			FALSE	FALSE	TRUE

情報 ▶ IS関数

2007 2010 2013 2016

対象が論理値の場合[TRUE]を返す
ISLOGICAL

書　式：ISLOGICAL(対象)

計算例：ISLOGICAL(FALSE)

データ[FALSE]は論理値なので[TRUE]を返す。

機能　ISLOGICAL関数は、[対象]が論理値(TRUEやFALSE)の場合に[TRUE]を返します。なお、[対象]に[TRUE]や[FALSE]を直接指定しても[TRUE]になりますが、二重引用符を付けて["TRUE"]とすると文字列とみなされて[FALSE]が返されます。

情報 ▶ IS関数

2007 2010 2013 2016

対象が空白セルの場合[TRUE]を返す
ISBLANK

書　式：ISBLANK(対象)

計算例：ISBLANK(A1)

セル[A1]にデータが入力されていない場合に[TRUE]を返す。

機能　ISBLANK関数は、[対象]が空白セルの場合に[TRUE]を返します。ただし、見た目の空白は[TRUE]になりません。表示されない[ゼロ値]についてはP.85を参照してください。また、「= IF (ISBLANK (A1) ,"",A1)」という数式の使い方もできます。この場合、セル[A1]が[TRUE](空白)のときは「""」(空白)を、[FALSE](空白ではない)のときは「A1」を表示します。

使用例　空白に見えるセルのISBLANK関数の戻り値

次ページの表でセル[B3]は数値の「0」が入っていますが、[0]を表示しない設定により見た目が空白です。セル

[B4] は Space を押した空白文字です。ともに、関数の結果は [FALSE] となり、[セルは空白ではない] ことが確認できます。

	A	B	C	D
1	テスト値		ISBLANK	
2	空白セル		TRUE	
3	表示されないゼロ		FALSE	
4	空白文字の入力		FALSE	
5	空白以外の値	ABC	FALSE	

61

情報 ▶ IS関数

セルに数式が含まれている場合[TRUE]を返す
ISFORMULA

書　式：ISFORMULA(対象)

計算例：ISFORMULA(A3)

セル [A3] に数式が含まれていれば [TRUE] を返す。

機能 ISFORMULA 関数は、[対象] で指定したセルへの参照に数式が含まれている場合に [TRUE] を返します。数式が含まれていない場合は [FALSE] を返します。

下の表では、A 列に対象を指定して、C 列に結果を返します。セル [A2] の TODAY 関数 (=TODAY()) やセル [A5] の「= 100」は数式なので [TRUE] を返します。

	A	B	C
1	対象	対象の内容	結果
2	2016/3/8	本日の日付(TODAY関数)	TRUE
3	300,000	数値	FALSE
4	Excel 2016	「Excel 2016」は文字列	FALSE
5	100	「=100」	TRUE

62

情報 ▶ IS関数

2007 2010 2013 2016

対象がセル参照の場合[TRUE]を返す
ISREF

書　式：ISREF(対象)

計算例：ISREF(A1:B3)

　　　　　[A1:B3]はセル参照なので[TRUE]を返す。

機能　ISREF関数は、[対象]がセル番地やセル範囲の名前を表すとき[TRUE]を返します。

使用例 指定する列、行が存在するか調べる

　　　下の例では、Excelの最大列数[XFD]と最大行数[1048576]が存在するかどうかを調べています。Excel 2007以降は列数が「XFD」まで設定されているので[TRUE]が返ります。行は1,048,577行にすると[FALSE]が返り、最大1,048,576行入力できると確認できます。

情報 ▶ エラー・データ型

2007 2010 2013 2016

対象がエラー値の場合[TRUE]を返す
ISERROR

書　式：ISERROR(対象)

計算例：ISERROR(#DIV/0!)

　　　　　データ[#DIV/0!]はエラー値なので[TRUE]を返す。

機能　ISERROR関数は、[対象]がエラー値[#VALUE!][#N/A][#REF!][#DIV/0!][#NUM!][#NAME?][#NULL!]のいずれかを参照する場合に[TRUE]を返します。

解説 ● ISERROR 関数を利用してエラーを非表示にする

計算式の計算結果にエラー値が表示される場合、IF 関数と組み合わせて「=IF(ISERROR(C3/B3),"", C3/B3)」のように入力して、そのセルを空白にすることができますが、IFERROR 関数（P.202 参照）を利用すると大幅に手間が省けます。

● エラー値を扱う IS 関数

エラー値関連の IS 関数には、ISNA 関数や ISERR 関数があります。本書では、これらをエラー関数とします。

○ ISNA 関数　　［対象］がエラー値［#N/A］を参照する場合のみ［TRUE］を返します。

○ ISERR 関数　［対象］がエラー値［#N/A］を除くエラー値を参照する場合に［TRUE］を返します。

分類表		テスト値	ISERROR	ISNA	ISERR
文字列		"123"	FALSE	FALSE	FALSE
数値		123	FALSE	FALSE	FALSE
	奇数	11	FALSE	FALSE	FALSE
	偶数	10	FALSE	FALSE	FALSE
エラー値	#N/A	#N/A	TRUE	TRUE	FALSE
	#N/A以外	#NAME?	TRUE	FALSE	TRUE
論理値		TRUE	FALSE	FALSE	FALSE
空白セル			FALSE	FALSE	FALSE

情報 ▶ エラー・データ型　　2007 2010 2013 2016

対象がエラー値［#N/A］の場合［TRUE］を返す
ISNA

書　式：ISNA(対象)

計算例：ISNA(#N/A)

データがエラー値［#N/A］なので［TRUE］を返す。

機能 ISNA 関数は、［対象］がエラー値［#N/A］の場合に［TRUE］を返します。

適用結果は、上の表を参照してください。

情報 ▶ エラー・データ型

2007 2010 2013 2016

対象がエラー値[#N/A]以外の場合[TRUE]を返す
ISERR

書　式：ISERR(対象)

計算例：ISERR(#NAME?)

データ［#NAME?］はエラー値［#N/A］以外のエラー値なので［TRUE］を返す。

機能 ISERR関数は、［対象］が「［#N/A］以外のエラー値」の場合に［TRUE］を返します。

適用結果は、P.212の表を参照してください。

情報 ▶ エラー・データ型

2007 2010 2013 2016

つねにエラー値[#N/A]を返す
NA

書　式：NA()

計算例：NA()

エラー値［#N/A］を返す。

機能 NA関数は、つねにエラー値［#N/A］を返します。

この関数を使わずにセルに直接［#N/A］と入力しても、エラー値［#N/A］として認識します。エラーのセルを参照する計算式の結果はエラーになります。これを利用し、計算に使わないセルにあえてNA関数を入力しておけば、誤ってセルを参照してもエラーが発生するため、参照の間違いに気付くことができます。単なる空白セルではエラーは発生しないため、ミスの確認に利用できます。

情報

情報 ▶ エラー・データ型　　2007 2010 2013 2016

エラーのタイプを表す数値を表示する
ERROR.TYPE

書　式：ERROR.TYPE(エラー値)

計算例：ERROR.TYPE(#NULL!)

エラー値［#NULL!］の種類を数値［1］で返す。

機能　ERROR.TYPE 関数は、エラー値を数値に変換して返します。エラー値と戻り値は次のように対応しています。

エラー値	戻り値	エラー値	戻り値
#NULL!	1	#NAME?	5
#DIV/0!	2	#NUM!	6
#VALUE!	3	#N/A	7
#REF!	4	その他	#N/A

情報 ▶ エラー・データ型　　2007 2010 2013 2016

データ型を表す数値を表示する
TYPE

書　式：TYPE(データタイプ)

計算例：TYPE(TRUE)

データ［TRUE］のデータ型を数値［4］で表示する。

機能　TYPE 関数は、セルに入力されているデータのデータ型（データの種類）を調べるときに利用します。指定する値と戻り値の関係は、次のようになります。

データタイプ	戻り値
数値	1
文字列	2
論理値	4
エラー値	16
配列	64

情報 ▶ 情報抽出

2007 2010 2013 2016

数値または型に対応する数値を返す
N

書　式：N(値)

計算例：N(A1)

セル [A1] のデータ [2016/4/1] をシリアル値 [42461] に変換する。

機能 N 関数は、[値] が数値の場合はその数値を返し、[値] が数値でない場合は、そのデータの型（タイプ）に対応する数値を返します。

[値]	戻り値
数値	そのままの数値
Excel の組み込み書式で表示された日付	日付のシリアル値
TRUE	1
エラー値	指定したエラー値
文字列その他の値	0

（使用例） N関数とVALUE関数の戻り値の比較

[値] が数値、日付 / 時刻、論理値以外の場合は [0] が返されます。[値] から数値を得るには VALUE 関数のほうが適当ですが、VALUE 関数の場合はエラー値が返されることが多くなります。下に変換結果の比較表を示します。

📄 63

	A	B	C	D	E	F	G
1	種類	分類	例	N		VALUE	
2				引数入力	セル参照	引数入力	セル参照
3	数値	実数	100	100	100	100	100
4		記号付実数	¥100	#NAME?	100	#NAME?	100
5		日付	2007/1/1	2007	39083	2007	39083
6	論理値	TRUE	TRUE	1	1	#VALUE!	#VALUE!
7		FALSE	FALSE	0	0	#VALUE!	#VALUE!
8	文字列	数値に変換できる	"$123"	0	0	123	#VALUE!
9		数値に変換できない	欠席	0	0	#VALUE!	#VALUE!
10	エラー値		#N/A	#N/A	#N/A	#N/A	#N/A
11	空白セル			エラー	0	エラー	0
12	配列	数値	{1,2,3}	1		1	#VALUE!
13		数値に変換できる文字列	{"1","3"}	0		1	#VALUE!
14		数値に変換できない文字列	{A,B,C}	エラー	0	エラー	#VALUE!

情報 ▶ 情報抽出　　　　　　　　　2007 2010 2013 2016

Excelの動作環境に関する情報を得る
INFO

書　式：INFO(検査の種類)

計算例：INFO("directory")

作業中のブックのディレクトリのパス名を表示する。

機能 INFO関数は、現在の動作環境についての情報を返します。INFO関数の戻り値は、表示形式などのセルの設定が変更されても、自動的に更新されません。戻り値を更新するには、関数が入力されたセルを選択し F9 を押します。［検査の種類］に指定できる内容と戻り値の例は、下表のようになります。

［検査の種類］	戻り値が戻す情報	戻り値の例
DIRECTORY	現在のディレクトリーまたはフォルダー	C:\Users\ 技評太郎 \Documents\
NUMFILE	作業中のワークシート	3
ORIGIN	左上隅の可視セル（絶対参照）	$A:$A$1
OSVERSION	オペレーティングシステムのバージョン	Windows（32-bit）NT :.00
RECALC	再計算モード	自動
RELEASE	Microsoft Excel のバージョン	16.0
SYSTEM	運用環境	pcdos

Memo
関数や引数の入力

セルに数式を入力する場合、関数やその引数は大文字で入力しても小文字で入力しても同じように扱われます。ただし、文字を表示させるためにダブルクォーテーション「"」で囲んだ文字は入力したまま取り扱えられるので、大文字と小文字を区別する必要があります。

　=SUM(A1:A10)
　=sum(a1:a10)

これらは同じ数式として扱われます。

情報 ▶ 情報抽出

シートが何枚目かを返す
SHEET

書　式：SHEET(対象)

計算例：SHEET("WorkSheet")

> [Worksheet] という名前のシートが、左から何枚目にあるかを返す。

機能 SHEET 関数は、[対象] で指定したシートが何枚目にあるか、その番号を返します。[対象] はシート名もしくはシートへの参照を指定します。シート名を指定する場合、「Sheet1」を "Sheet1" のようにダブルクォーテーション「"」で囲みます。

情報 ▶ 情報抽出

シートの数を返す
SHEETS

書　式：SHEETS([対象])

計算例：SHEETS(Sheet1:Sheet5!A1)

> シート名 [Sheet1] から [Sheet5] までのシートの数を求めます。

機能 SHEETS 関数は、[対象] で指定した 2 つのシート名の範囲に含まれるシートの数を返します。[対象] を省略した場合は、SHEETS 関数を実行したブックに含まれるすべてのシートの数を返します。

ブックに多数のシートを作成している場合など、一部のシートを非表示にしていたり、シート名を変更したりしていると、シートの数がいくつあるかわかりにくくなります。こういった場合に、SHEETS 関数を利用してシート数を数えることができます。

たとえば、ブックの [Sheet3] が非表示になっている場合、下の例のように指定範囲（Sheet1 ～ Sheet4）のワークシート数と、ブック全体のワークシート数を求めることができます。

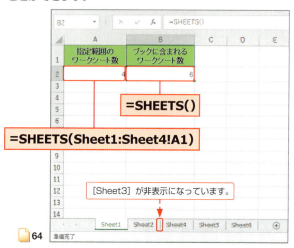

情報 ▶ 情報抽出　　　　　　　　　　　2007 2010 2013 2016

セルの書式・位置・内容に関する情報を得る
CELL

書　式：CELL(検査の種類 [, 対象範囲])

計算例：CELL("address" , B1)

　　セル [B1] のセル番地を絶対参照で返す。

機　能　CELL 関数は [対象範囲] の左上隅にあるセルの書式、位置、内容についての情報を返します。

CELL 関数の戻り値は、表示形式などのセルの設定が変更されても、自動的に更新されません。戻り値を更新するには、関数が入力されたセルを選択し F9 を押します。

[検査の種類] に指定できる内容と CELL 関数で返される情報は、P.220 の表のようになります。

使用例 CELL関数やその他の関数による情報

INFO 関数、SHEET 関数、SHEETS 関数、CELL 関数で表示できる情報の例です。情報関数で表示される情報は見ただけでわかる利用しやすい形になっていないこともあります。そのため適宜他の関数などと組み合わせて読みやすくすることが必要です。たとえば INFO 関数で取得できる情報のうち OS のバージョンや Excel のバージョンは、そのままでは利用できず加工する必要があります。OS のバージョンが「.00」で終わるものは Windows 10 を指すので VLOOKUP 関数で対応表を作る、Excel のバージョンは下 2 桁しか表示されないので 2000 足してセルに表示するといった対策をして利用します。

Memo

情報関数の応用的な利用

情報関数は、関数を使って複雑な仕組みのワークシートを作成するときに役立ちます。TYPE 関数でセルに入力されているデータの種類を把握したり、INFO 関数で利用者の環境情報を確認したりすることによって、情報関数を使わない限りは目視では確認できない部分の情報を可視化できます。また情報関数は作成中の不具合の特定にも使えます。IFERROR などの論理関数でもエラーの有無は確認できますが、エラーに関するより多くの情報を取得したいときには ERROR.TYPE 関数などの情報関数を使いましょう。エラーの種類を判別できるので、その後の修正が容易になります。

文字列	CELL 関数で返される情報
"address"	引数［対象範囲］の左上隅にあるセル番地を絶対参照で表示します。
"col"	引数［対象範囲］の左上隅にあるセルの列番号。
"color"	負の数を色で表す書式がセルに設定されていれば[1]、そうでなければ[0]。
"contents"	引数［対象範囲］の左上隅にあるセルの内容。
"filename"	引数［対象範囲］を含むファイルの名前（絶対パス名）。引数［対象範囲］を含むファイルが保存されていない場合は空白文字列「""」。
"format"	セルの表示形式に対応する負の数を色で表す書式がセルに設定されている場合、結果の文字列定数の末尾に「-」が付き、正の数またはすべての値をカッコでくくる書式がセルに設定されている場合、結果の文字列定数の末尾に「()」が付きます。
"parentheses"	正の数あるいはすべての値をカッコでくくる書式がセルに設定されていれば[1]、そうでなければ[0]。
"prefix"	セルに入力されている文字列の配置に対応する文字列定数。セルに文字列以外のデータが入力されているときや、セルが空白であるときは空白文字列「""」。セルが左詰めまたは均等配置の文字列を含む場合は「'」。セルが右詰めの文字列を含む場合は「"」。セルが中央配置の文字列を含む場合は「^」。セルが繰り返し配置の文字列を含む場合は「¥」。
"protect"	セルがロックされていなければ[0]、されていれば[1]。
"row"	引数［対象範囲］の左上隅にあるセルの行番号。
"type"	セルに含まれるデータのタイプに対応する文字列定数。セルが空白のときは「b」（Blank の頭文字）。セルに文字列定数が入力されているときは「l」（Label の頭文字）。その他の値が入力されているときは「v」（Value の頭文字）。
"width"	小数点以下を切り捨てた整数のセル幅。セル幅の単位は、標準のフォントサイズの 1 文字の幅と等しくなります。

情報

第7章

検索/行列

検索／行列 ▶ データ検索　　　2007 2010 2013 2016

縦方向の表からデータを検索して抽出する
VLOOKUP

書　式：VLOOKUP(検索値 , 範囲 , 列番号 , 検索方法)
計算例：VLOOKUP(101 , 表1 , 2 , 0)

セル範囲［表1］において、左端の列の［101］を探し、その行の［2列目］の値を返す。

機　能　VLOOKUP関数は、［範囲］の左端列を縦に検索して［検索値］と一致する値を探し、それが見つかると、その行と［列番号］で指定した列が交差するセルの値を返します。
［検索値］の検索方法には、検索値と一致する値を抽出する「一致検索」と、検索値と一致する値がない場合にもっとも近い値を抽出する「近似検索」があります。［検索方法］に［0］を指定すると「一致検索」、［1］を指定するか省略すると「近似検索」になります（次ページMemo参照）。

使用例 商品コードから商品名と価格を検索する

下表では、商品コードを利用して商品名や価格を抽出しています。

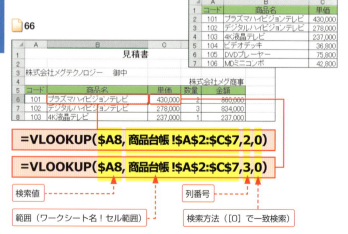

検索／行列 ▶ データ検索

2007 2010 2013 2016

横方向の表からデータを検索して抽出する
HLOOKUP

書　式：HLOOKUP(検索値 , 範囲 , 行番号 , 検索方法)
計算例：HLOOKUP(101 , 表1 , 2 , 0)

セル範囲［表1］において、上端の行の［101］を探し、その列の［2行目］の値を返す。

機能 HLOOKUP関数とVLOOKUP関数の違いは、次のとおりです。どちらの関数を使うほうが便利かは、表が縦長か横長かによります。

● VLOOKUP関数

［範囲］の「左端列を縦に検索」し、［検索値］と一致する値がある行で［列番号］で指定した列のセルの値を返します。

● HLOOKUP関数

［範囲］の「上端行を横に検索」し、［検索値］と一致する値がある列で［行番号］で指定した行のセルの値を返します。
どちらの関数も、［検索値］用のデータ列や行より左側の列や上側の行の値を検索することはできません。よって［検索値］用のデータ列や行は、［範囲］の左端、上端に配置します。

2つの「検索方法」

VLOOKUP関数やHLOOKUP関数の［検索値］の検索方法には、「一致検索」と「近似検索」の2種類があります。

関数の種類		VLOOKUP、HLOOKUP	
検索の種類		一致検索	近似検索
引数の指定		[FALSE]／[0]	[TRUE]／[1]／省略
［検索値］が完全に一致するデータが	ある場合	検索値が完全に一致したデータが抽出される。	
	ない場合	エラー値[#N/A]が戻る。	［検索値］未満でもっとも大きい値が戻る。
［範囲］のデータの並べ方		［検索値］は［範囲］の左端列または上端列に配置する。	［検索値］の列または行のデータを「昇順」に並べ替えておく。さもないと正しい結果が得られない。

検索／行列 ▶ データ検索　　2007 2010 2013 2016

1行/1列のセル範囲でセルを検索し対応するセルの値を返す
LOOKUP … ベクトル形式

書　式：LOOKUP(検査値 , 検査範囲 , 対応範囲)

機　能　ベクトル形式のLOOKUP関数では、[検査範囲] から [検査値] を検索し、それが見つかると、その位置に対応した [対応範囲] のセルの値を返します。

使用例　検索列とデータ列が離れている場合の検索

下の例では、検索列を月数に、英語表記をデータ列に設定し、[3] に対応する英語表記を表示しています。

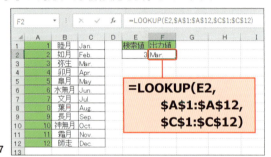

67

Memo

LOOKUP 関数の使い分け

一般的には、HLOOKUP関数やVLOOKUP関数がよく使われますが、2種類のLOOKUP関数にも利点があります。

● ベクトル形式

ベクトル形式のLOOKUP関数では、[検査範囲] から [検査値] を検索し、それが見つかった位置に対応した [対応範囲] のセルです。

ベクトルとは、1行あるいは1列からなるセル範囲です。ベクトル形式は、VLOOKUP関数やHLOOKUP関数の行・列の幅をなくした代わりに、[検査値] に整数だけでなく実数が利用できます。また、[対応範囲] を別指定するので、[検査範囲] より左側の列や上側の行での検索も可能です。

検索／行列 ▶ データ検索

2007 2010 2013 2016

縦横を指定しないでセルを検索し対応するセルの値を返す
LOOKUP … 配列形式

書　式：LOOKUP(検査値 , 配列)

機能　配列形式のLOOKUP関数では、、縦横を指定しなくても、「縦横の長いほうの辺の行または列で検索」し、その対辺の行または列にあるデータを表示します。

使用例　表の縦横を指定しない検索

下の例では、長いほうの辺、つまりA列のセル範囲「A1:A12」で検索し、見つかった値の対辺の英語表記を返します。

=LOOKUP(E2, $A$1:$C$12)

68

●配列形式

一方、配列形式のLOOKUP関数は、他の表計算ソフトとの互換性を維持するために用意されています。[配列]の上端行あるいは左端列の長いほう（長さが縦横同じ場合は先頭列）から[検査値]を検索し、これが見つかると、下方向あるいは右方向の最終セルの値を返します。

●関数の使い分け

LOOKUP関数は、VLOOKUP関数またはHLOOKUP関数で代用できますが、ベクトル形式には[検査範囲]と[対応範囲]が連続している必要がないこと、配列形式には縦横の指定がないこと、つまりVLOOKUP関数/HLOOKUP関数のような使い分けが不要という特徴があります。

検索/行列 ▶ データ検索　　2007 2010 2013 2016

引数リストの何番目かの値を取り出す
CHOOSE

書　式：CHOOSE(インデックス [, 値1] [, 値2] [, 値3 ...])

計算例：CHOOSE(2 , "A" , "B" ,... "AC")

引数リストに入力した [A] ～ [AC] の中から、[2番目] の値である [B] を返す。

機能 P.222 ～ P.225 までに解説した関数は、ワークシート上にデータを記述するものでしたが、CHOOSE 関数は引数リストを内部に持ちます。引数の [値] には 1 ～ 254 個のいずれかの数値またはセル参照を指定します。

使用例 表示形式ではなく関数を使って日付の曜日を表示する

下の例では、日付に対して曜日を表示するために、[年] [月] [日] を表す数値を DATE 関数に入力して日付を算出し、その日付を WEEKDAY 関数に代入して曜日の番号を算出し、さらにその曜日の番号から曜日の文字列を、CHOOSE 関数で算出しています。セル [B5] に入力されている関数は、下表のような構成になっています。

WEEKDAY(DATE($A$1,$A$2,A5))

=CHOOSE(■ ,"日","月","火","水","木","金","土")

検索/行列 ▶ データ検索

2007 2010 2013 2016

セル範囲から縦横座標で値を抽出する

INDEX … セル範囲形式・配列形式

書 式：INDEX(範囲 , 行番号 , 列番号 [, 領域番号])

計算例：INDEX(表1,表2 , 5 , 3 , 2)

2つの表のうち、領域番号で指定した[表2]の、[5行目]と[3列目]が交差する位置のデータを返す。

機能 縦横に碁盤の目のように並んで入力されているデータから、行の位置と列の位置をそれぞれ指定(あるいはさらに複数の領域から[領域番号]を利用して指定)して、その行と列の交差する位置の値(あるいはセル参照)を抽出する場合は、(「セル範囲形式」の) INDEX 関数を利用します。
INDEX 関数には、「セル範囲形式」と「配列形式」の2種類があります。配列形式の INDEX では、引数に配列定数を利用できるうえ、計算結果を配列形式で返すことができます。セル範囲形式の INDEX では、不連続なセル範囲をまとめて検索することができます。

使用例 曜日とシフト名を指定して担当者を抽出する

下の例では、曜日とシフト名から、その担当者を抽出しています。なお、曜日とシフト名の入力の代わりに行・列の番号を入力して、曜日とシフト名を表示しています。

=INDEX(C3:I12,C15,C14,1)

	A	B	C	D	E	F	G	H	I
1			1	2	3	4	5	6	7
2			月	火	水	木	金	土	日
3	1	A	佐藤	石川	青山	酒井	北川	山内	大内
4	2	B	清水	佐藤	石川	青山	酒井	北川	山内
5	3	C	森田	清水	佐藤	石川	青山	酒井	北川
6	4	D	斉藤	森田	清水	佐藤	石川	青山	酒井
7	5	E	橋本	斉藤	森田	清水	佐藤		
8	6	F	福田	伊藤	渡辺	森田	清水	森田	清水
9	7	G	大内	福田	伊藤	渡辺	森田	斉藤	森田
10	8	H	山内	大内	福田	伊藤	渡辺	橋本	斉藤
11	9	I	北川	山内	大内	福田	伊藤	渡辺	橋本
12	10	J	酒井	北川	山内	大内	福田		
13									
14		曜日	4		木	担当者			
15		シフト	7		G	渡辺			

検索／行列 ▶ 相対位置

2007 2010 2013 2016

値を検索しその相対位置を求める
MATCH

書　式：MATCH(検査値 , 検査範囲 [, 照合の種類])

計算例：MATCH(50 , 表1 , 0)

[表1]から検査値[50]を検索し、そのデータが[表1]の上端または左端から数えてどの位置にあるかを返す。

機能 MATCH関数は、[照合の種類]に従って[検査範囲]内を検索し、[検査値]と一致するデータの相対的な位置を表す数値を返します。[検査値]の位置を知りたい場合には、この関数を利用します。

[照合の型]に[0]を指定すると、一致する値を検索し、[1]を指定すると[検査値]以下の最大値([検査範囲]は昇順並び)、[-1]を指定すると[検査値]以上の最小値([検査範囲]は降順並び)を検索します。

使用例 得点の順位に対応する受験番号を抽出する

この例では、得点の順位に対する受験番号を抽出しています。RANK関数では順位付け、LARGE関数では得点の大きな順位の抽出ができますが、「順位の上から数えた位置」がわかれば、受験番号から氏名を抽出できるので、MATCH関数をここで利用します。

=MATCH(A14,$D$2:$D$11,0)

この中での順位の位置を調べるのに、MATCH関数を利用します。

検索/行列 ▶ 相対位置

2007 2010 2013 2016

基準のセルからの相対位置を指定する
OFFSET

書　式：OFFSET(基準 , 行数 , 列数 [, 高さ] [, 幅])

計算例：OFFSET(A1 , 3 , 4)

　　　　基準のセル [A1] から下へ3行、右へ4列だけシフトした位置にあるセル参照を返す。

機 能　OFFSET関数は、[基準] のセル(範囲)から [行数] と [列数] だけシフトした位置にある、[高さ] と [幅] を持つセル範囲の参照(オフセット参照)を返します。この関数で、あるセルに対して相対的な位置とサイズを持つ新しいセル範囲を指定できます。

MATCH関数は「値の相対位置」を与えますが、OFFSET関数は、「基準のセルからの相対位置のセル参照」を返します。セル参照を引数として使う関数と合わせて利用します。

使用例 集計するセル範囲を数値で指定する

この例では、セル範囲を数値入力で指定して、そのセル範囲の合計を求めています。OFFSET関数は、セル範囲を返すので、これにSUM関数を適用すると、指定したセル範囲の数値の合計が得られます。

この例では、前ページのMATCH関数も利用しています。

📄72

基準(固定)のセル位置 ┐　　　　　　　┌ セル範囲の列数

=SUM(OFFSET(B2,B16-1,B15-1,B17-B16+1,1))

　　　　　　　　　　└ 行と列のオフセット　└ セル範囲の行数

検索/行列 ▶ セル参照

2007 2010 2013 2016

セルの行番号や列番号を求める
ROW
COLUMN

書 式：ROW(範囲)

[範囲] に指定したセル範囲の上端の行番号を求める。

書 式：COLUMN(範囲)

[範囲] に指定したセル範囲の左端の列番号を求める。

機能 これら2つの関数は、関数を入力したセル、または指定した セル範囲の先頭の行番号または列番号を求める関数です。指 定した [範囲] に対して、ROW関数は [範囲] の上端の行番 号を、COLUMN関数は [範囲] の左端の列番号を返します。 これらの関数は主に、セルに「位置に依存した情報」を与 えて、その情報を固定しないために利用します。

使用例 VLOOKUP関数の列番号を自動調整する

下表では、VLOOKUP関数でD列の情報を参照してH列 に表示しています。

この場合、普通に列番号を指定しておくと、列を挿入した 場合には正しい参照結果が得られませんが、COLUMN関 数で列番号を得て、そのセルをVLOOKUP関数で参照す ると、列を挿入しても、正しい参照結果が得られます。

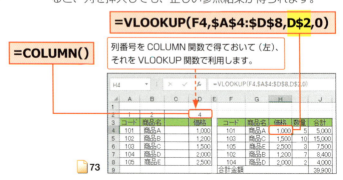

検索／行列 ▶ セル参照　　2007 2010 2013 2016

セル範囲の行数/列数を求める
ROWS
COLUMNS

書　式：ROWS(範囲)

[範囲] として指定したセル範囲の行数を求める。

書式例：COLUMNS(範囲)

[範囲] として指定したセル範囲の列数を求める。

機能 これら2つの関数は、指定したセル（またはセル範囲）の行数または列数を求める関数です。指定した [範囲] に対して、ROWS 関数は [範囲] に含まれる行数を、COLUMNS 関数はワークシート上で [範囲] に含まれる列数を返します。セル上にデータがリスト形式などで入力されている場合、レコード部分をセル範囲として選択すると、行数はレコード数、列数はフィールド数に対応します。

74

検索／行列 ▶ セル参照　　2007 2010 2013 2016

行番号/列番号をセル参照に変換する
ADDRESS

書　式：ADDRESS(行番号 , 列番号 [, 参照の型]
　　　　[, 参照形式] [, シート名])

機能 ADDRESS 関数は、[行番号] と [列番号] からセル参照を表す文字列を作成します。[参照の型] で絶対参照（[1] または省略）、複合参照（[2] で行固定、[3] で列固定）、相対参照（[4]）を、[参照形式] で A1 形式/R1C1 形式を指定し、[シート名] で、他のワークシートへの参照を作成できます。

検索/行列 ▶ セル参照

2007 2010 2013 2016

文字列で参照されるセルの値を求める
INDIRECT

書 式：INDIRECT(参照文字列 [, 参照形式])

計算例：INDIRECT(E6 , TRUE)

セル［E6］に入力されている文字列をセルのアドレスとして指定し、対応しているセルの内容を返す。

機能 INDIRECT関数は、セル参照と同じ形式での文字列（あるいはその文字列が入力されているセル）を［参照文字列］によって指定し、その文字列を介して間接的なセルの指定を行います。INDIRECT関数で返されたセル参照はすぐに計算され、結果としてセルの内容が表示されます。

INDIRECT関数は主に、ADDRESS関数（P.231参照）で作成したセル参照文字列を引数として、セル参照を行います。ADDRESS関数で、行番号、列番号、シート名を入力するかあるいは計算して設定しておくと、ダイナミックなセル参照を記述することができます。

使用例 シート名を入力してデータを表示する

INDIRECT関数とADDRESS関数にOFFSET関数を組

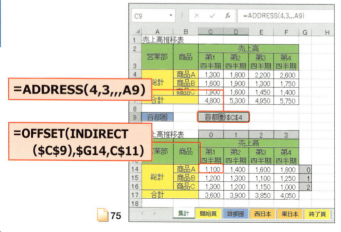

75

み合わせて、シート名に入力してある営業所名を先頭の集計シートに入力すると、その営業所の業績だけを表示するしくみを作ります。

営業所ごとの売上高推移が入力されたブックに対して、入力済みの固定した行・列番号と、入力する営業所名からADDRESS関数でセル番地を構成し、これをINDIRECT関数を経由してOFFSET関数で利用しています。

検索/行列 ▶ セル参照　　　　　　　　　　2007 2010 2013 2016

範囲/名前に含まれる領域の数を求める
AREAS

書　式：AREAS(範囲)

計算例：AREAS(A1:A10)

セル範囲「A1:A10」の中にある領域の数を返す。

機能　[範囲]に含まれる領域の個数を返します。領域とは「1つ以上のセルを含むセル範囲」であり、[範囲]には名前も使用できるので、名前に含まれる領域の数も求められます。
INDEX関数などは、引数として[領域番号]を取ることができますが、複数の領域を利用すれば、行や列の情報に加えて領域の情報も利用できるようになり、INDEX関数を3次元データに適用することもできます。

使用例　指定した範囲名の領域数を求める

下の例では、2乗、3乗、4乗の計算を3つの領域に分けて行い、そのデータを他の関数で利用するため、まとめて1つの名前「累乗」を付けています。この場合、AREAS(累乗)と入力すると、名前「累乗」に含まれる領域の数が求められます。

検索/行列 ▶ 行列変換

2007 2010 2013 2016

縦横を交換した表をつくる
TRANSPOSE

書　式：TRANSPOSE(配列)

計算例：TRANSPOSE(A1:G10)

配列[A1:G10]の行と列を入れ替えて返す。

機能　TRANSPOSE関数は[配列]に指定したセル範囲（表）の縦方向と横方向を逆転させた値を、配列数式（付録参照）として返します。

Excelの「行と列を入れ替えてコピーする」という機能を利用した場合は、数式の関係が保持されません。TRANSPOSE関数を利用すると、元の計算結果が変化した場合、その変化はこのTRANSPOSE関数を経由して戻り値に反映されます。

TRANSPOSE関数を入力するセル範囲と[配列]に指定した元の表とは、それぞれ列数と行数、行数と列数が一致する必要があります。また、セルの書式は設定し直します。

使用例　表の縦横を交換する

下表では、TRANSPOSE関数を用いて、横長の表の行と列を入れ替えて下に表示しています。なお、関数を入力する際は配列数式として入力する必要があります。

これらのセル範囲は、TRANSPOSE関数でリンクされています。

検索／行列 ▶ リンク　　　　　　　　　　2007 2010 2013 2016

他のドキュメントへのリンクを作成する
HYPERLINK

書　式：HYPERLINK(　　　リンク先　　　[,　　別名　　])

計算例：HYPERLINK("http://gihyo.jp/book" , "技術評論社")
　　　　　セルに表示された［技術評論社］をクリックすると、指定したリンク先が開く。

機能　HYPERLINK は、LAN やインターネットなどのネットワーク上にあるコンピュータに格納されているファイルへのリンクを作成します。この関数が入力されているセルをクリックすると、［リンク先］のファイルが開きます。
　　　　なお、HYPERLINK が入力されているセルを選択するには、セルのマウスボタンを 1 秒以上押し続けます。［別名］には、関数を入力したセルに表示する文字列または数値を指定するか、入力されているセルを指定します。

検索／行列 ▶ ピボットテーブル　　　　　2007 2010 2013 2016

ピボットテーブル内の値を抽出する
GETPIVOTDATA

書　式：GETPIVOTDATA(データフィールド , ピボットテーブル
　　　　　[, フィールド1,アイテム1,フィールド2,アイテム2],…)

機能　GETPIVOTDATA は、［ピボットテーブル］内の集計データの中から、指定したセルの値を抽出します。数式は、ピボットテーブルの外にあるセルを利用します。数式バーに「＝」を入力後、ピボットテーブルのセルをクリックすると自動的に GETPIVOTDATA の数式が表示され、入力する引数位置で、該当するセルをクリックするだけで指定できます。ピボットテーブルのページの切り替えなどにより、参照しているセルの位置が移動した場合でも、つねに目的のデータを参照することができます。

検索/行列 ▶ データ抽出

2007 2010 2013 2016

数式を文字列にして返す
FORMULATEXT

書 式：FORMULATEXT(対象)

計算例：FORMULATEXT(A3)

　　　セル［A3］に入力されている数式を、文字列にして返す。

機 能 FORMULATEXT関数は、［対象］に入力されている数式を、文字列にして返します。［対象］のセルに数式以外が入力されている場合や空白の場合にはエラー値［#N/A］を返します。

検索/行列 ▶ データ抽出

2007 2010 2013 2016

RTDサーバーからデータを取得する
RTD

書 式：RTD(プログラムID [, サーバー], トピック1 [, トピック2], …)

計算例：RTD("HITRTD.RTDReport" , "Orange" , "Counter")

　　　コンピュータ「Orange」にある「HITRTD.RTDReport」から「Counter」を取り出す。

機 能 RTD関数は、リアルタイムデータサーバー（RTDサーバー）を呼び出し、データをリアルタイムに取得します。たとえば、ホームページの訪問者数を取得したり、証券の価格を取得したりするなど、時々刻々と変化するデータを扱いたい場合に利用します。RTD関数を利用するには、あらかじめRTDサーバーが用意されていることが条件です。RTD関数の利用に際して、プログラムの内容を理解する必要はありませんが、プログラムがどこに（サーバー名）、何という名前（プログラムID）であるのか、そして、取得するデータの名前（トピック）を得ておく必要があります。

第8章

データベース

データベース ▶ 合計

条件を満たすレコードの合計を返す
DSUM

書　式：DSUM(データベース , フィールド , 条件)

計算例：DSUM(A2:F14 , F2 , A16:F17)

セル範囲[A2：F14]のデータベースから、セル範囲[A16：F17]で指定した条件を満たすレコードを検索し、セル[F2]で指定するフィールドの合計を返す。

機能 DSUM関数は、[データベース]において、[条件]を満たすレコードを検索し、指定された[フィールド]列を合計します。しくみは、すべてのデータベース関数に共通です。

使用例 条件に合うデータの売上合計を求める

下表では、日付（4/15）と商品名（スキャナ）の条件を同時に満たすレコードの売上高合計を求めています。これによって「4/15のスキャナの売上高合計」が求められます。

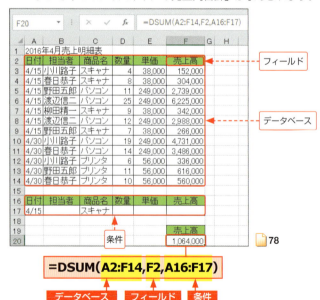

238

引数［条件］における条件設定

DSUM などの引数［条件］では、「同じ行に記述すると AND 条件」「異なる行に記述すると OR 条件」という規則があり、これらを守れば何行でも条件を記述することができます。これは、すべてのデータベース関数で共通です。前ページの例では、17 行目に AND 条件を設定しています。具体例で説明しておきます。

AND 条件　　　　　同じ行に記述する

英語	国語
>=75	>=75

「英語が 75 点以上」
かつ「国語が 75 点以上」

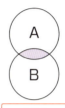

A ∩ B

OR 条件　　　　　違う行に記述する

英語	国語
>=75	
	>=75

「英語が 75 点以上」
または「国語が 75 点以上」

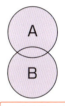

A ∪ B

AND 条件と OR 条件の組み合わせ

英語	国語	数学	物理
>=75	>=75		
		>=75	>=75

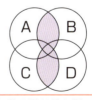

(A ∩ B) ∪ (C ∩ D)

「英語が 75 点以上かつ国語が 75 点以上」
または、
「数学が 75 点以上かつ物理が 75 点以上」

A	英語	75点以上
B	国語	75点以上
C	数学	75点以上
D	物理	75点以上

データベース ▶ 平均値　　　　　　　　　　　2007 2010 2013 2016

条件を満たすレコードの平均値を返す
DAVERAGE

書　式：DAVERAGE(データベース , フィールド , 条件)

計算例：DAVERAGE(A1:H6 , G1 , A8:H9)

セル範囲 [A1：H6] のデータベースから、セル範囲 [A8：H9] で指定した条件を満たすレコードを検索し、セル [G1] で指定するフィールドの平均値を返す。

機能 DAVERAGE 関数は、[データベース] において、[条件] を満たすレコードを検索し、指定された [フィールド] 列の平均値を求めます。

	A	B	C	D	E	F	G	H
1	No	氏名	性別	数学	物理	化学	総合点	順位
2	1	青山 克彦	男	50		50	100	5
3	2	加藤 京香	女	60		45	105	4
4	3	佐々木 浩	男	75	60		135	3
5	4	高橋 美穂	女	90	75		165	2
6	5	永易 真由美	女	100	100		200	1
7								
8	No	氏名	性別	数学	物理	化学	総合点	順位
9			女					
10								
11			総合点の平均(女性)				156.67	

G11 =DAVERAGE(A1:H6,G1,A8:H9)

📄79

データベース ▶ 積　　　　　　　　　　　2007 2010 2013 2016

条件を満たすレコードの積を返す
DPRODUCT

書　式：DPRODUCT(データベース , フィールド , 条件)

計算例：DPRODUCT(A2:C14 , C2 , A16:A19)

セル範囲 [A2：C14] のデータベースから、セル範囲 [A16：A19] の条件に一致するレコードを検索し、セル [C2] ではじまるフィールドの積を返す。

機能 DPRODUCT 関数は、[データベース] において、[条件] を満たすレコードを検索し、指定された [フィールド] 列の積を求めます。指定した商品の在庫量をすべて掛け合わせて 0 にならなければ、いずれも在庫が 0 ではないことが確認できます。ここでは、IF 関数と組み合わせて、0 になっ

た場合には、"要確認"と表示されるように設定しています。

```
=IF(DPRODUCT(A2:C8,C2,A10
:A13)=0," 要確認 "," 在庫あり ")
```

📄 80

データベース ▶ 最大・最小

2007 2010 2013 2016

条件を満たすレコードの最大値を返す
DMAX

書　式：DMAX(データベース , フィールド , 条件)

計算例：DMAX(A1:H6 , G1 , A8:H9)

セル範囲[A1:H6]のデータベースから、セル範囲[A8:H9]の条件に一致するレコードを検索し、セル[G1]ではじまるフィールドの最大値を返す。

機能 DMAX関数は、[データベース]において、[条件]を満たすレコードを検索し、指定された[フィールド]列の最大値を求めます。

📄 81

データベース ▶ 最大・最小

2007 2010 2013 2016

条件を満たすレコードの最小値を返す
DMIN

書　式：DMIN(データベース , フィールド , 条件)

機能 DMIN関数は、[データベース]において、[条件]を満たすレコードを検索し、指定された[フィールド]列の最小値を求めます。

データベース ▶ 分散

2007 2010 2013 2016

条件を満たすレコードの標本分散を返す
DVARP

書　式：DVARP(データベース , フィールド , 条件)

計算例：DVARP(A1:H8 , D1 , A10:H11)

セル範囲[A1:H8]のデータベースから、セル範囲[A10:H11]の条件に一致するレコードを検索し、セル[D1]のフィールドの標本分散を返す。

機能 DVARP関数は、[データベース]において、[条件]を満たすレコードを検索し、指定された[フィールド]列を母集団全体とみなして、その分散(標本分散)を求めます。

82

データベース ▶ 分散

2007 2010 2013 2016

条件を満たすレコードの不偏分散を返す
DVAR

書　式：DVAR(データベース , フィールド , 条件)

計算例：DVAR(A1:H8 , D1 , A10:H11)

セル範囲[A1:H8]のデータベースから、セル範囲[A10:H11]の条件に一致するレコードを検索し、セル[D1]のフィールドの不偏分散を返す。

機能 DVAR関数は、[データベース]において、[条件]を満たすレコードを検索し、指定された[フィールド]列を標本とみなして、母集団の分散の推定値(不偏分散)を求めます。

データベース ▶ 標準偏差

条件を満たすレコードの標準偏差を返す
DSTDEVP

書　式：DSTDEVP(データベース, フィールド, 条件)

計算例：DSTDEVP(A1:G6 , D1 , A8:G9)

セル範囲 [A1:G6] のデータベースから、セル範囲 [A8:G9] の条件に一致するレコードを検索し、セル [D1] のフィールドの標準偏差を返す。

機能 DSTDEVP 関数は、[データベース] において、[条件] を満たすレコードを検索し、指定された [フィールド] 列を母集団全体とみなして、その標準偏差を求めます。

84

データベース ▶ 標準偏差

条件を満たすレコードの標準偏差推定値を返す
DSTDEV

書　式：DSTDEV(データベース, フィールド, 条件)

計算例：DSTDEV(A1:G6 , D1 , A8:G9)

セル範囲 [A1：G6] にあるデータベースから、セル範囲 [A8：G9] の条件に一致するレコードを検索し、母集団の標準偏差の推定値を返す。

機能 DSTDEV 関数は、[データベース] において、[条件] を満たすレコードを検索し、指定された [フィールド] 列を標本とみなして、母集団の標準偏差の推定値を求めます。
DSTDEVP 関数は、データを母集団全体とみなして、その標準偏差を求め、DSTDEV 関数はデータを母集団の一部と考えて母集団の標準偏差の推定値を求めます。

85

データベース ▶ 個数

2007 2010 2013 2016

条件を満たすレコードの数値の個数を返す
DCOUNT

書 式：DCOUNT(データベース, フィールド, 条件)
計算例：DCOUNT(A1:I8 , F1 , A10:I12)

セル範囲 [A1：I8] のデータベースから、セル範囲 [A10：I12] の条件に一致するレコードを検索し、セル [F1] ではじまるフィールドに数値が入力されているセルの個数を返す。

機能 DCOUNT 関数は、[データベース] において、[条件] を満たすレコードを検索し、指定された [フィールド] 列の数値が入力されているセルの個数を求めます。

使用例 複数の得点の条件を満たす物理受験者数を求める

DCOUNT 関数の集計対象には、欠席者は含まれないので、指定した条件を満たす受験者数は 2 名となります。

データベース ▶ 個数

2007 2010 2013 2016

条件を満たすレコードの空白以外のセルの個数を返す
DCOUNTA

書　式：DCOUNTA(データベース , フィールド , 条件)

計算例：DCOUNTA(A1:I8 , F1 , A10:I12)

セル範囲 [A1:I8] のデータベースから、セル範囲 [A10:I12] の条件に一致するレコードを検索し、セル [F1] ではじまるフィールドに数値や文字列などの値が入力されているセルの個数を返す。

機　能　DCOUNTA 関数は、[データベース] において [条件] を満たすレコードを検索し、指定された [フィールド] 列の空白でないセルの個数を求めます。

使用例　複数の得点の条件を満たす物理受験者数を求める

DCOUNTA 関数の集計対象は欠席者を含むので、指定した条件を満たす受験者数は 3 名となります。

データベース ▶ 値抽出　　　2007 2010 2013 2016

データベースから1つの値を抽出する
DGET

書　式：DGET(**データベース** , **フィールド** , **条件**)

計算例：DGET(**A1:H8** , **B1** , **A10:H11**)

セル範囲 [A1:H8] のデータベースから、セル範囲 [A10:H11] の条件に一致するレコードを検索し、セル [B1] のフィールドの値を返す。

機能　DGET 関数は、[データベース]において、[条件]を満たすレコードを検索し、指定された[フィールド]列の値を1つだけ抽出します。

(使用例) 指定した条件に該当する氏名を求める

ランキングリストを Excel の関数で作成するには、LARGE 関数や MATCH 関数などが必要です。しかし、単に1つのランクに対応する受験者名などのデータを得るだけなら、RANK 関数で順位さえ求めておけば、DGET 関数だけで十分です。

下の例では、一覧表内から、条件（[順位]が[3]）の氏名を抽出しています。

=DGET(A1:H8,B1,A10:H11)

246

第9章

文字列

文字列 ▶ 文字列結合

2007 2010 2013 2016

複数の文字列を結合する
CONCATENATE

書 式：CONCATENATE(文字列1 [, 文字列2 ...])

計算例：CONCATENATE("Desk","Top","Publishing")

文字列 [Desk] [Top] [Publishing] を結合した [DeskTopPublishing] という文字列を返す。

機能 CONCATENATE 関数は、複数のセルにある文字列を結合してひとつの文字列にまとめます。名前の後ろに「殿」や「様」などを付ける場合に便利です。文字をつなげるには文字列演算子「&」を使うこともできますが、COUNCATRNATE 関数で＜関数の挿入＞ダイアログボックスを利用して引数を指定したほうが簡単です。なお、引数は 30 個まで指定できます。

- CONCATENATE 関数の場合

=CONCATENATE("Desk","Top","Publishing")

- 文字列演算子「&」の場合

="Desk"&"Top"&"Publishing"

(使用例) 宛名リストや住所の作成

社員名簿などから、敬称を付けた宛名リストを作成する場合、いちいち氏名のあとに「様」などの敬称を付けるのは手間ですが、CONCATENATE 関数で簡単に作成することができます。また、「都」や「区」などが別々に入力された一覧表から、住所を作成することもできます。

数式の値への変換

作成した宛名は、コピーして利用するときのために、数式から値に変換しておきます。数式を値に変換するには、数式が入力されたセル（セル範囲）を選択して＜コピー＞をクリックし、貼り付けたいセルを選択して＜貼り付け＞の下部分をクリックし、[値]を選択します。

文字列 ▶ 文字列長

2007 2010 2013 2016

文字列の文字数/バイト数を返す
LEN
LENB

書 式：LEN(文字列)

文字列の文字数を返す。

書 式：LENB(文字列)

文字列のバイト数を返す。

機能 LEN関数は全角と半角の区別なく1文字を［1］として文字列の文字数を返します。LENB関数は文字列のバイト数を返します。全角文字は、文字数としては［1］、バイト数としては［2］と数えられます。

使用例 セルの文字数とバイト数を数える

下表は、A列に入力された文字列に対し、B列とC列でそれぞれLEN関数とLENB関数を用いた例です。

	A	B	C
1	文字列	文字数	バイト数
2		LEN	LENB
3	123	3	3
4	株式会社	4	8
5	メグテクノロジー	8	16
6	ﾒｸﾞﾃｸﾉﾛｼﾞｰ	10	10
7	株式会社メグテクノロジー	12	24
8	株式会社 メグテクノロジー	13	25
9	株式会社　メグテクノロジー	13	26
10	株式会社 メグテクノロジー	13	25

89

解説 LEN関数/LENB関数は、次ページ以降で紹介するLEFT／LEFTB関数、RIGHT／RIGHTB関数、MID／MIDB関数などの引数［文字数］に使用したり、引数［開始位置］などの指定の際にも必要となります。

文字列 ▶ 文字列抽出　　　2007 2010 2013 2016

文字列の左端から文字を取り出す
LEFT
LEFTB

書　式：LEFT(文字列 [, 文字数])
文字列の左端から指定文字数の文字を返す。

書　式：LEFTB(文字列 [, バイト数])
文字列の左端から指定バイト数の文字を返す。

機　能　LEFT関数は文字列の先頭（左端）から指定された数の文字を返します。LEFTBは文字列の先頭（左端）から指定されたバイト数の文字を返します。

LEFT関数が全角と半角の区別なく1文字を[1]として文字単位で処理するのに対し、LEFTB関数は文字をバイト単位で処理します。全角文字は、文字数としては[1]、バイト数としては[2]と数えられます。

使用例　部課名から部名に相当する左3文字を抽出する

下表は、A列に入力された文字列に対し、B列にLEFT関数を用いて、左から3文字分を抜き出した例です。

	A	B	C	D
1	部課名	部名		
2	人事部人事課	人事部		
3	総務部総務課	総務部		
4	営業部営業1課	営業部		
5	総務部庶務課	総務部		
6	営業部営業2課	営業部		
7	営業部販売課	営業部		
8	総務部国際課	総務部		
9	人事部給与課	人事部		
10	財務部経理課	財務部		

B2: =LEFT(A2,3)

📄90

解　説　部署名の中に3文字ではないものがある場合には、「部」などの文字をFIND関数やSEARCH関数などで検索してから、その位置までを抜き出す操作が必要です。

文字列 ▶ 文字列抽出

2007 2010 2013 2016

文字列の右端から文字を取り出す
RIGHT
RIGHTB

書　式：RIGHT(文字列 [, 文字数])
文字列の右端から指定文字数の文字を返す。

書　式：RIGHTB(文字列 [, バイト数])
文字列の右端から指定バイト数の文字を返す。

機　能 RIGHT関数は文字列の末尾（右端）から指定された数の文字を返します。RIGHTB関数は文字列の末尾（右端）から指定されたバイト数の文字を返します。

RIGHT関数が全角と半角の区別なく1文字を［1］として文字単位で処理するのに対し、RIGHTB関数は文字をバイト単位で処理します。全角文字は、文字数としては［1］、バイト数としては［2］と数えられます。

使用例 「都府県」の文字の位置以降の文字列を抽出する

下図では、「住所」の文字列の「都府県」の文字の次の文字の位置から末尾までの文字列を抽出するためにRIGHT関数を用いています。

文字列の長さは、LEN関数を用いて求めた全長から「先頭から「都府県」の文字の位置まで」の文字数を差し引いたものです。「先頭から「都府県」の文字の位置まで」の文字数は、LEFT関数を用いて求めます。

📄 91

文字列 ▶ 文字列抽出

2007 2010 2013 2016

文字列の任意の位置から文字を取り出す
MID
MIDB

書　式：MID(**文字列** , **開始位置** , **文字数**)

文字列の任意の位置から指定文字数の文字を返す。

書　式：MIDB(**文字列** , **開始位置** , **バイト数**)

文字列の任意の位置から指定バイト数の文字を返す。

機能 MID関数は文字列の開始位置から指定された数の文字を返します。MIDB関数は文字列の開始位置から指定されたバイト数の文字を返します。

MID関数が全角と半角の区別なく1文字を [1] として文字単位で処理するのに対し、MIDB関数は文字をバイト単位で処理します。全角文字は、文字数としては [1]、バイト数としては [2] と数えられます。

使用例 表示形式ではなく関数を用いて曜日を表示する

下表は、日付に応じた曜日を表示するために、MID関数、WEEKDAY関数、DATE関数を用いた例です。まず、[年][月][日] を表す数値をDATE関数に入力して日付を算出し、その日付をWEEKDAY関数に代入して曜日の番号を算出し、その番号から曜日の文字列をMID関数で抽出します。

=MID(" 日月火水木金土 ",WEEKDAY(DATE($A$1,$A$2,A5)),1)

文字列 ▶ 検索・置換

2007 2010 2013 2016

検索する文字列の位置を返す
FIND
FINDB

書　式：FIND(検索文字列 , 対象 [, 開始位置])
　　　　文字列を検索し、最初に現れる位置の文字番号を返す。

書　式：FINDB(検索文字列 , 対象 [, 開始位置])
　　　　文字列を検索し、最初に現れる位置のバイト番号を返す。

機 能　FIND/FINDB 関数と SEARCH/SEARCHB 関数は、[検索文字列] で指定された文字列を [対象] の中で検索し、[検索文字列] が最初に現れる位置の文字番号、またはバイト番号を返します。

FIND 関数 /FINDB 関数は全角と半角、英字の大文字と小文字を区別することができる代わりに、ワイルドカードは使用できません。

使用例　文字列から「都道府県」の文字の位置を求める

下表では、「住所」の文字列内の、「都府県」の文字の位置を求めるために FIND 関数を用いています。

求めた文字の位置を使って、住所の先頭から「都道府県」の文字の位置までの文字列を取り出したり（住所 1）、住所の「都道府県」の文字の次の文字の位置から末尾までの文字列を取り出したり（住所 2）することができます。

93

=IF(ISERROR(FIND(B$2,$A3)),0,FIND(B$2,$A3))

解 説　上の数式では、あとで文字の位置を MAX 関数で集計するときのために、[検索文字列] が見つからない場合にはエラー表示ではなく [0] を返すように ISERROR 関数で使用しています。

文字列 ▶ 検索・置換 2007 2010 2013 2016

検索する文字列の位置を返す
SEARCH
SEARCHB

書 式：SEARCH(検索文字列 , 対象 [, 開始位置])
文字列を検索し、最初に現れる位置の文字番号を返す。

書 式：SEARCHB(検索文字列 , 対象 [, 開始位置])
文字列を検索し、最初に現れる位置のバイト番号を返す。

機 能 FIND/FINDB関数（P.253参照）とSEARCH/SEARCHB関数は、[検索文字列]で指定された文字列を[対象]の中で検索し、[検索文字列]が最初にあらわれる位置の文字番号、またはバイト番号を返します。

SEARCH関数/SEARCHB関数ではワイルドカードを使用できる代わりに、英字の大文字と小文字は区別できません。ワイルドカードに関してはP.98を参照してください。

文字列 ▶ 検索・置換 2007 2010 2013 2016

指定した文字数の文字列を置換する
REPLACE
REPLACEB

書 式：REPLACE(文字列 , 開始位置 , 文字数 , 置換文字列)
[文字列]中の[開始位置]以降の[文字数]を[置換文字列]で置換する。

書 式：REPLACEB(文字列 , 開始位置 , バイト数 , 置換文字列)
[文字列]中の[開始位置]以降の[バイト数]を[置換文字列]で置換する。

機 能 REPLACE関数は、全角と半角を区別せずに、1文字を1として、文字列中の指定された開始位置から、文字数分の文字列を置換文字列で置き換えます。

REPLACEB関数は、文字列中の指定された開始位置から、バイト数分の文字列を置換文字列に置き換えます。

文字列 ▶ 検索・置換

2007 2010 2013 2016

指定した文字列を置換する
SUBSTITUTE

書　式：SUBSTITUTE(文字列 , 検索文字列 , 置換文字列 [, 置換対象])

機　能　SUBSTITUTE関数は、文字列中の検索文字列の一部または全部の文字列を置換文字列で置き換えます。

前ページのREPLACE関数、REPLACEB関数では置き換える文字列を［開始位置］から文字数またはバイト数で指定しますが、SUBSTITUTE関数では、［検索文字列］と同じすべての文字列を置き換えるか、［置換対象］番目の検索文字列と同じ文字列を置き換えるかで指定します。

文字列 ▶ 数値・文字列

2007 2010 2013 2016

数値を書式設定した文字列に変換する
TEXT

書　式：TEXT(数値 , 表示形式)

計算例：TEXT(1200 , "¥#,##0")

数値［1200］を、指定した表示形式の文字列［¥1,200］に変換する。

機　能　TEXT関数は、［数値］をさまざまな表示形式（P.305参照）を設定した文字列に変換します。

表示形式は、数値の書式を「"yyy/m/d"」（日付）や「"#,##0"」（桁区切り）など、ダブルクォーテーション「"」で囲んだテキスト文字列として指定します。

数値を含むセルに表示形式を設定しても、表示が変わるだけで文字列には変換されませんが、TEXT関数を使用すると［数値］は書式設定された文字列に変換されます。

使用例 数値によって表示形式を変更する

TEXT関数の［表示形式］に条件値を指定しておくと、条件によって異なる表示形式を［数値］に設定することができます。たとえば、［表示形式］に、

　　[>=100000] 約 #,###, 千 ;#,###

と指定すると、［数値］が［100000］以上の場合は「約○千」と表示し、［100000］未満の場合は桁区切りして表示します（下例参照）。

	A	B	C	D
1	[数値]	[表示形式]	TEXTの戻り値	
2	123456	[>=100000]約#,###,千;#,###	約123千	
3	10000	[>=100000]約#,###,千;#,###	10,000	

94

文字列 ▶ 数値・文字列　　　　　2007　2010　2013　2016

数値を四捨五入しカンマを使った文字列に変換する
FIXED

書式例：FIXED(数値 [, 桁数] [, 桁区切り])

計算例：FIXED(123456.789 , 1)

数値［123456.789］を、小数点以下第2位で四捨五入し、桁区切り記号を使った文字列［123,456.8］に変換する。

機能　FIXED関数は数値を四捨五入して、桁区切り記号「,」を使って書式設定した文字列に変換します。

表示形式を設定しても、表示が変わるだけで文字列には変換されませんが、FIXED関数を使用すると、数値は書式設定された文字列に変換されます。

使用例 数値を文字列に変換して文章に使う

下表は、文字列に変換して文章に埋め込んだ例です。

95

文字列 ▶ 数値・文字列

2007 2010 2013 2016

数値を四捨五入し通貨記号を付けた文字列に変換する
DOLLAR
YEN
BAHTTEXT

書　式：DOLLAR(数値 [, 桁数])
数値を四捨五入し、ドル記号を付けた文字列に変換する。

書　式：YEN(数値 [, 桁数])
数値を四捨五入し、円記号を付けた文字列に変換する。

書　式：BAHTTEXT(数値)
［数値］を四捨五入し、バーツ書式を設定した文字列に変換する。

機能 DOLLAR関数は、［数値］を四捨五入しドル記号「$」を付けた文字列に変換します。YEN関数は［数値］を四捨五入し円記号「¥」を付けた文字列に変換します。［桁数］には、小数点以下の桁数を指定します。

BAHTTEXT関数は［数値］を四捨五入し、タイで使われるバーツ書式を設定した文字列に変換します。

表示形式を設定しても、表示が変わるだけで文字列には変換されませんが、DOLLAR関数を使用すると、数値は書式設定された文字列に変換されます。

使用例 数値の通貨記号付文字列への変換

下表では、数値［1000］に対するドル、円、バーツ表示を表しています。文字列に変換されるため、各セルとも左詰めで表示されます。

文字列 ▶ 数値・文字列

2007 *2010* *2013* *2016*

数値を漢数字に変換する
NUMBERSTRING

書　式：NUMBERSTRING(数値 , 書式)

計算例：NUMBERSTRING(12000 , 1)

数値［12000］を漢数字［一万二千］に変換する。

機能 NUMBERSTRING関数は、指定した数値を漢数字に変換する関数です。数値を入力したセルに表示形式を設定しても、表示が変わるだけで文字列には変換されませんが、NUMBERSTRING関数を使用すると、数値は書式設定された文字列に変換されます。つまり、文字列の扱いになるので計算には利用できません。

NUMBERSTRING関数は、＜関数の挿入＞ダイアログボックスには表示されないので、関数の書式に従ってセルに直接入力します。［書式］には1〜3を入力します。入力によって表示が変化します。

文字列 ▶ 数値・文字列

2007 *2010* *2013* *2016*

文字列を抽出する
T

書　式：T(値)

計算例：T("あいう")

文字列［あいう］を返す。

機能 T関数は［値］が文字列を参照する場合のみ、その文字列を返し、値が文字列以外のデータを参照している場合は、空白文字列［""］を返します。T関数は主に、セル参照によって文字列だけを抽出するのに使われる関数です。

文字列 ▶ 数値・文字列

2007 2010 2013 2016

文字列を半角に変換する
ASC

書　式：ASC(文字列)

計算例：ASC(" エクセル ")

全角の文字列［エクセル］を半角「ｴｸｾﾙ」に変換する。

機能 ASC関数は、指定した文字列内の全角の英数カナ文字を半角文字に変換します。

文字列 ▶ 数値・文字列

2007 2010 2013 2016

文字列を全角に変換する
JIS

書　式：JIS(文字列)

計算例：JIS(" ﾜｰﾄﾞ ")

半角の文字列［ﾜｰﾄﾞ］を全角「ワード」に変換する。

機能 JIS関数は、ASC関数とは逆に、指定した文字列内の半角の英数カナ文字を全角文字に変換します。

使用例 文字列の全角/半角の変換例

下表では、A列に入力された文字列を、ASC関数（B列）とJIS関数（C列）を用いて半角と全角に変換しています。

	A	B	C
1	文字列	全角→半角	半角→全角
2		ASC	JIS
3	123	123	１２３
4	株式会社	株式会社	株式会社
5	メグテクノロジー	ﾒｸﾞﾃｸﾉﾛｼﾞｰ	メグテクノロジー
6	ﾒｸﾞﾃｸﾉﾛｼﾞｰ	ﾒｸﾞﾃｸﾉﾛｼﾞｰ	メグテクノロジー
7	株式会社メグテクノロジー	株式会社ﾒｸﾞﾃｸﾉﾛｼﾞｰ	株式会社メグテクノロジー
8	株式会社 メグテクノロジー	株式会社 ﾒｸﾞﾃｸﾉﾛｼﾞｰ	株式会社　メグテクノロジー
9	株式会社　メグテクノロジー	株式会社 ﾒｸﾞﾃｸﾉﾛｼﾞｰ	株式会社　メグテクノロジー
10	株式会社 メグテクノロジー	株式会社ﾒｸﾞﾃｸﾉﾛｼﾞｰ	株式会社メグテクノロジー

文字列 ▶ 数値・文字列　　　　　　　　　2007 2010 2013 2016

文字列を数値に変換する
VALUE

書　式：VALUE(文字列)

計算例：VALUE("2016")
文字列として指定した［2016］を数値の［2016］に変換する。

機 能　VALUE 関数は、文字列を数値に変換します。
VALUE 関数の結果がエラーになる場合は、N 関数を試してみてください（P.215 参照）。

文字列 ▶ 数値・文字列　　　　　　　　　2007 2010 2013 2016

設定されているふりがなを取り出す
PHONETIC

書　式：PHONETIC(参照)

計算例：PHONETIC(A1)
セル［A1］に入力されている文字列のふりがなを取り出す。

機 能　PHONETIC 関数は、［参照］に指定したセルの入力時の情報をふりがなとして返します。したがって、他のソフトで入力したデータを Excel に読み込んだ場合は、入力時の情報がないため、ふりがなを取り出すことはできません。

文字列 ▶ 大文字・小文字　　　　　　　　2007 2010 2013 2016

英字を大文字 / 小文字に変換する
UPPER　　　　　　　　　LOWER

書　式：UPPER(文字列)

書　式：LOWER(文字列)

機 能　UPPER 関数は、文字列に含まれる「英字をすべて大文字に変換する」関数であり、LOWER 関数は、文字列に含まれる「英字をすべて小文字に変換する」関数です。

文字列 ▶ 大文字・小文字

2007 2010 2013 2016

英単語の先頭文字を大文字、以降を小文字に変換する
PROPER

書　式：PROPER(**文字列**)

機能　PROPER関数は、文字列中の英単語の先頭文字を大文字に、2文字目以降の英字を小文字に変換する関数です。
元の文字列を変換したい場合は、PROPER関数を適用して変換した文字列を値として貼り付けます。

使用例　英単語の先頭文字を大文字に、2文字目以降の英字を小文字に変換する

下表では、C列でPROPER関数を利用してB列の文字列を変換しています。このあとで、変換された範囲をコピーし、値だけを貼り付けて、不要になった列を削除すると、変換された文字列に置き換わります。

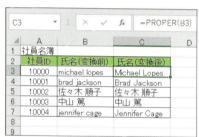

98

文字列 ▶ 文字コード

2007 2010 2013 2016

文字コードを文字に変換する
CHAR

書　式：CHAR(**数値**)

計算例：CHAR(**9250**)

数値［9250］に対応する文字列「あ」を返す。

機能　CHAR関数は［数値］をASCIIあるいはJISコード番号とみなし、それに対応する文字を返します。

使用例 文字コードに対応する文字列に変換する

右表では、文字コード[9250][13400][65]を[数値]に指定し、それぞれの文字コードに対応する文字列「あ」「関」「A」を返しています。 📄99

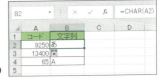

文字列 ▶ 文字コード **2007 2010 2013 2016**

文字を文字コードに変換する
CODE

書　式：CODE(文字列)

計算例：CODE("A")

文字列[A]に対応するコード番号[65]を返す。

機　能 CODE関数はCHAR関数とは逆に、文字列の先頭文字に対応するASCIIあるいはJISコード番号を返します。

使用例 文字列をコード番号に変換する

右表では、文字列[あ][関][A]を[文字列]に指定し、それぞれの文字列に対応する文字コード「9250」「13400」「65」を返しています。 📄100

文字列 ▶ 文字コード **2007 2010 2013 2016**

指定される数値より参照されるUnicode文字を返す
UNICHAR

書　式：UNICHAR(数値)

計算例：UNICHAR(66)

[数値]で指定するUnicode番号66で表される文字[B]を返す。

機能 Unicode（ユニコード）とは、ユニコードコンソーシアムにより策定された、世界標準の文字コードです。UNICHAR関数は、[数値]で指定したUnicode番号の文字を返します。Unicode番号によっては、表示できないこともあります。

文字列 ▶ 文字コード　　2×17 2×0 2013 2016

文字列の最初の文字のUnicode番号を返す
UNICODE

書　式：UNICODE(文字列)

計算例：UNICODE("さくら")

[さくら]の最初の文字の[さ]のUnicode番号[12373]を返す。

機能 UNICODE関数は、文字のUnicode番号を返します。文字列の場合は、先頭の1文字目のUnicode番号を返します。

文字列 ▶ 国際化　　2×17 2×0 2013 2016

特定の地域に依存しない方法で文字列を数値に変換する
NUMBERVALUE

書　式：NUMBERVALUE(文字列, [小数点記号], [桁区切り記号])

計算例：NUMBERVALUE("1.234,56", ",", ".")

[文字列]の[1.234,56]の小数点記号を、日本で使用されている[1,234.56]の表示形式の数値に変換します。

機能 NUMBERVALUE関数は、[文字列]の数字の桁区切り記号などを変換します。国や地域によっては桁区切り記号や小数点の記号が異なります。この計算例では、ドイツなどで用いる[1.234,56]を、日本で一般的な表示の

263

[1,234.56]にするために、小数点記号を[.]、桁区切り記号を[,]に指定し変換しています。

文字列 ▶ 比較

2007 2010 2013 2016

2つの文字列が等しいかを比較する
EXACT

書 式：EXACT(文字列1 , 文字列2)

計算例：EXACT("Excel" , "excel")
指定した2つの文字列[Excel]と[excel]は異なるので、[FALSE]を返す。

機能 EXACT関数は、2つの文字列を比較してまったく同じである場合は[TRUE]を、そうでない場合は[FALSE]を返します。EXACT関数では、英字の大文字と小文字や全角と半角は区別されますが、書式設定の違いは無視します。文字列の照合などに使用することができます。

EXACT関数は、ワークシートに入力した文字列の照合などに使用することができます。

使用例 **文字列同士を比較して入力ミスをチェックする**

電子メールアドレスのように間違えやすい文字列は、2回以上入力してEXACT関数で正誤を確認すると、入力時のミスを減らすことができます。

	A	B	C	D
1	電子メールアドレス一覧			
2	氏名	アドレス	アドレス(確認用)	確認
3	青山 杉蔵	aoyamaa@excel.gihyo.jp	aoyamaa@excel.gihyo.jp	正
4	如月 美鈴	kisaragi-m@excel.gihyo.jp	kisaragi-m@excel.gihyo.jp	正
5	佐倉 譲治	j.sakura@excel.gihyo.jp	J.sakura@excel.gihyo.jp	誤
6	都村 鉄也	bstsumurat@excel.gihyo.jp	bstsumurat@excel.gihyo.jp	正
7	仁科 洋子	yohkonishina@excel.gihyo.jp	yohkonishina@excel.gihyo.jp	正
8	藤 さやか	fujiis@excel.gihyo.jp	fujiis@excel.gihyo.jp	誤
9	村松 洋介	muramatsu@excel.gihyo.jp	muramatsu@excel.gihyo.jp	正

D3セル：=IF(EXACT(B3,C3),"正","誤")

p.101

文字列 ▶ 文字削除　　　　　　　　　　2007 2010 2013 2016

文字列から印刷できない文字を削除する
CLEAN

書　式：CLEAN(文字列)

計算例：CLEAN(" 加瀬・忠志 ")

文字列［加瀬・忠志］から印刷できない文字「・」が削除され、［加瀬 忠志］と表示される。

機能 Excel では、印刷できない文字列が「・」と表示されます。この文字列は、記号の「・」（中黒）ではなく、他のアプリケーションのデータを読み込んだときや Mac で作成された Excel のファイルを開いた場合などに表示されます。このような印刷できない文字列を削除する場合は、CLEAN 関数を使用します。

文字列 ▶ 文字削除　　　　　　　　　　2007 2010 2013 2016

不要なスペースを削除する
TRIM

書　式：TRIM(文字列)

計算例：TRIM(" 青木　正也 ")

文字列［青木　正也］（半角スペースが 3 つ入力されている）から余分なスペースが削除され、［青木 正也］と表示される。

機能 TRIM 関数は、文字列に複数のスペースが連続して含まれている場合に、単語間のスペースを 1 つずつ残して他の不要なスペースを削除します。

TRIM 関数は、他のアプリケーションで作成されたテキスト形式のファイルを読み込んだときに不要なスペースを削除する場合に使用します。

文字列 ▶ 文字グラフ

2007 2010 2013 2016

文字列を指定回数だけ繰り返して表示する
REPT

書　式：REPT(文字列 , 繰り返し回数)

計算例：REPT("咲いた" , 2)

文字列［咲いた］が［2回］繰り返され、［咲いた咲いた］と表示される。

機能　REPT関数は、文字列を指定された回数だけ繰り返して表示します。この関数を使用して、セル幅いっぱいに文字列を表示したり、ワークシートに簡易グラフを作成したりすることができます。なお、REPT関数で作成される文字列の長さは、全角と半角の区別なく、32,767文字までです。

使用例　簡易棒グラフの作成

売上高や入場者数などの数値を比較するには、グラフを作成してデータを視覚化するのが効果的です。グラフを作成するのが面倒な場合には、REPT関数で、売上高や入場者数などの数値分だけ同じ文字を表示して、簡易グラフを作成すると便利です。ただし、小数点以下は無視されます。下表では、セル［B7］が「10.4」、セル［B8］が「10.8」ですが、小数点以下が無視されるため、両者とも「■」は10個繰り返されています。

	A	B	C
1	映画別入場者数比較表		
2	映画タイトル	入場者数	入場者数の比較
3	惑星物語	20.3	■■■■■■■■■■■■■■■■■■■■
4	森と空と地平線	18.4	■■■■■■■■■■■■■■■■■■
5	風の詩を聴きながら	14.4	■■■■■■■■■■■■■■
6	スパイ作戦	13.1	■■■■■■■■■■■■■
7	クジラと少年	10.4	■■■■■■■■■■
8	魔法の世界の大冒険	10.8	■■■■■■■■■■
9	奇跡のドライブ	9.8	■■■■■■■■■
10	僕らの受験ゲーム	8.7	■■■■■■■■
11		(万人)	

102

第10章

エンジニアリング

エンジニアリング ▶ ビット演算

論理積を求める（ビット演算）
BITAND

書　式：BITAND(数値1 , 数値2)

計算例：BITAND(9 , 14)

[数値1] と [数値2] を2進数表記にした際に、両方のビットが「1」となるビットの合計「8」を返す。

機能 BITAND関数は、[数値1] と [数値2] で指定した数値を2進数表記にした際、それぞれの数値のビットが「1」の場合に、ビット位置ごとに合計して返します。

エンジニアリング ▶ ビット演算

論理和を求める（ビット演算）
BITOR

書　式：BITOR(数値1 , 数値2)

計算例：BITOR(9 , 14)

[数値1] と [数値2] を2進数表記にした際に、いずれかビットが「1」となるビットの合計「15」を返す。

機能 BITOR関数は、[数値1] と [数値2] で指定した数値を2進数表記にした際、両方もしくはいずれか一方の数値のビットが「1」の場合に、そのビット位置の値を合計して返します。

Memo
2進数

2進数など、n進数で表記されたものを10進数表記に変換するには、DECIMAL関数（P.65参照）を、10進数表記をn進数表記に変換するにはBASE関数（P.65参照）を使用できます。

エンジニアリング ▶ ビット演算

排他的論理和を求める（ビット演算）
BITXOR

書　式：BITXOR(数値1 , 数値2)

計算例：BITXOR(9 , 14)

[数値1] と [数値2] を2進数表記にした際に、いずれか一方のビットが「1」となるビットの合計「7」を返す。

機能 BITXOR関数は、[数値1] と [数値2] で指定した数値を2進数表記にした際、いずれか一方の数値のビットが「1」の場合に「1」、それ以外の場合は「0」となって返します。

エンジニアリング ▶ ビット演算

ビットを左シフトする
BITLSHIFT

書　式：BITLSHIFT(数値 , シフト数)

計算例：BITLSHIFT(6 , 1)

[数値] の [6] を2進数表記にした [110] を、[シフト数] で指定した [1ビット] 分、左にシフトすると [1100] になる。これを10進数表記にした [12] を返す。

機能 BITLSHIFT関数は、[数値] で指定した2進数の値の各ビットを、[シフト数] で指定した桁数（ビット）分、左にシフトさせます。このとき、シフトして空いた桁には自動的に0が入り、その値を10進数表記で返します。たとえば「101」を左に2ビットシフトすると「10100」になり、「404」が返ります。

なお、[シフト数] がマイナスの場合は、右へシフトすることになります（BITRSHIFT関数、P270参照）。

エンジニアリング ▶ ビット演算

ビットを右シフトする
BITRSHIFT

書　式：BITRSHIFT(数値 , シフト数)

計算例：BITRSHIFT(6 , 1)

[数値] の [6] を 2 進数表記した [110] を、[シフト数] で指定した [1 ビット] 分、右にシフトすると [11] になる。これを 10 進数表記にした [3] を返す。

機能　BITRSHIFT 関数は、[数値] で指定した 2 進数の値の各ビットを、[シフト数] で指定した桁数（ビット）分、右にシフトさせます。このとき、1 桁目（右端）の値は削除され、その値を 10 進数表記で返します。たとえば「110」を右に 1 桁右にシフトすると「11」になり、「55」が返ります。

なお、[シフト数] がマイナスの場合は、左へシフトすることになります（BITLSHIFT 関数、P269 参照）。

エンジニアリング ▶ 基数変換

10 進数を 2 進数に変換する
DEC2BIN

書　式：DEC2BIN(数値 [, 桁数])

計算例：DEC2BIN(100)

10 進数の [100] を 2 進数の [1100100] に変換する。

機能　DEC2BIN 関数は 10 進数を 2 進数に変換します。[-512] より小さい数や [511] より大きい数は指定できません。

[桁数] に 2 進表記で桁数を指定し、先頭に [0] を補完することができます（省略すると必要最低限の桁数で表示）。

[数値] に負の数を指定すると、桁数の指定は無視され 10 桁の 2 進数が返されます。最上位ビットは符号を表し、残りの 9 ビットが数値の大きさを表します。負の数は 2 の補数を使って表現します。

エンジニアリング ▶ 基数変換 2007 2010 2013 2016

10進数を16進数に変換する
DEC2HEX

書　式：DEC2HEX(数値 [, 桁数])

計算例：DEC2HEX(100 , 4)

10進数の[100]を16進数の[0064]に変換する。

機　能　DEC2HEX関数は10進数を16進数に変換します。
この関数では[-549,755,813,888]より小さい数や、[549,755,813,887]より大きい数は指定できません。
[桁数]で16進表記での桁数を指定し、先頭に[0]を補完することができます（省略すると必要最低限の桁数で表示）。
[数値]に負の数を指定すると、桁数の指定は無視され10桁の16進数（40ビット）が返されます。最上位ビットは符号を表し、残りの39ビットが数値の大きさを表します。

エンジニアリング ▶ 基数変換 2007 2010 2013 2016

10進数を8進数に変換する
DEC2OCT

書　式：DEC2OCT(数値 [, 桁数])

計算例：DEC2OCT(100 , 4)

10進数の[100]を8進数の[0144]に変換する。

機　能　DEC2OCT関数は10進数を8進数に変換します。
[-536,870,912]より小さい数や、[536,870,911]より大きい数を指定することはできません。
[桁数]で8進表記での桁数を指定し、先頭に[0]を補完することができます（省略すると必要最低限の桁数で表示）。
[数値]に負の数を指定すると、桁数の指定は無視され10桁の8進数（30ビット）が返されます。最上位ビットは符号を表し、残りの29ビットが数値の大きさを表します。負の数は2の補数を使って表現します。

エンジニアリング ▶ 基数変換　　2007 2010 2013 2016

2進数を10進数に変換する
BIN2DEC

書　式：BIN2DEC(数値)

計算例：BIN2DEC(1010)
2進数の[1010]を10進数の[10]に変換する。

機能 BIN2DEC関数は2進数を10進数に変換します。2進数に指定できる文字数は10文字（10ビット）までです。
[数値]の最上位のビットは符号を、残りの9ビットは数値の大きさを表します。負の数は2の補数を使って表現します。

Memo
10進数表記と2進数表記

物の数を数えたりお金の計算をしたりする際に使われるのは、0から9までの数字です。0から1ずつ加えていき9に1を加えると桁上がりをし、「10」になります。このように0から9までの10個の数字の組み合わせの表記方法を「10進数」といいます。

これに対し「2進数」は0と1の2つの数字の表記方法で、1に1を加えると桁上がりをし、「10」になります。ただし、「10」は「じゅう」と読むのではなく、「いちぜろ」もしくは「いちまる」と読みます。「0」と「1」の2つの数字の組み合わせで表すので、「2進数」といいます。

2進数は、世の中にあるほとんどのコンピューターで利用されているものです。一般的なコンピューターでは、「0」（信号がない）と「1」（信号がある）の組み合わせで様々な処理を行っています。このときに欠くことができないのが2進数の考え方です。

例 10進数表記の「54」を2進数表記にすると「110110」と桁数が多くなります。しかし、コンピューターの演算装置は「5」や「4」を理解できないので2進数の考え方は大切です。2進数表記を10進数表記に変換するには「BIN2DEC関数」を、その逆は「DEC2BIN関数」を使用します。

エンジニアリング ▶ 基数変換

2007 2010 2013 2016

2進数を16進数に変換する
BIN2HEX

書　式：BIN2HEX(数値 [, 桁数])

計算例：BIN2HEX(1100100)

2進数の[1100100]を16進数の[64]に変換する。

機能　BIN2HEX関数は2進数を16進数に変換します。2進数に指定できる文字数は10文字（10ビット）までです。負の数は2の補数を使って表現します。

[桁数]で16進表記での桁数を指定し、先頭に[0]を補完することができます（省略すると必要最低限の桁数で表示）。

[数値]に負の数を指定すると、桁数の指定は無視され10桁の16進数（40ビット）が返されます。最上位ビットは符号を表し、残りの39ビットが数値の大きさを表します。

エンジニアリング ▶ 基数変換

2007 2010 2013 2016

2進数を8進数に変換する
BIN2OCT

書　式：BIN2OCT(数値 [, 桁数])

計算例：BIN2OCT(1100100)

2進数の[1100100]を8進数の[144]に変換する。

機能　BIN2OCT関数は2進数を8進数に変換します。2進数に指定できる文字数は10文字（10ビット）までです。

[数値]の最上位のビットは符号を、残りの9ビットは数値の大きさを表します。負の数は2の補数を使って表現します。

[桁数]で8進表記での桁数を指定し、先頭に[0]を補完することができます。[桁数]を省略すると必要最低限の桁数で表示します。

エンジニアリング ▶ 基数変換　　　2007 2010 2013 2016

16進数を10進数に変換する
HEX2DEC

書　式：HEX2DEC(数値)

計算例：HEX2DEC("64")

　　　　16進数の[64]を10進数の[100]に変換する。

機　能　HEX2DEC関数は16進数を10進数に変換します。16進数に指定できる文字数は、10文字（40ビット）までです。負の数は2の補数を使って表現します。

　　　　［数値］の最上位のビットは符号を、残りの39ビットが数値の大きさを表します。16進数を［数値］に指定する場合には、半角のダブルクォーテーション「"」で囲んで文字列として指定する必要があります。

エンジニアリング ▶ 基数変換　　　2007 2010 2013 2016

16進数を2進数に変換する
HEX2BIN

書　式：HEX2BIN(数値 [, 桁数])

計算例：HEX2BIN("64")

　　　　16進数の[64]を2進数の[1100100]に変換する。

機　能　HEX2BIN関数は16進数を2進数に変換します。16進数に指定できる文字数は、10文字（40ビット）までです。[FFFFFFFE00]より小さい負の数や[1FF]より大きい正の数を指定できません。

　　　　［数値］の最上位のビットは符号を、残りの39ビットが数値の大きさを表します。16進数を［数値］に指定する場合には、半角のダブルクォーテーション「"」で囲んで文字列として指定する必要があります。

エンジニアリング ▶ 基数変換

16進数を8進数に変換する
HEX2OCT

書　式：HEX2OCT(数値 [, 桁数])

計算例：HEX2OCT("64")

16進数の[64]を8進数の[144]に変換する。

機能 HEX2OCT関数は16進数を8進数に変換します。16進数に指定できる文字数は、10文字（40ビット）までです。[FFE0000000]より小さい負の数や[1FFFFFFF]より大きい正の数は指定できません。

[数値]の最上位のビット（右から40番目のビット）は符号を、残りの39ビットが数値の大きさを表します。16進数を[数値]に指定する場合には、半角のダブルクォーテーション「"」で囲んで文字列として指定する必要があります。[数値]に負の数を指定すると、桁数の指定は無視され10桁の8進数（30ビット）が返されます。

エンジニアリング ▶ 基数変換

8進数を2進数に変換する
OCT2BIN

書　式：OCT2BIN(数値 [, 桁数])

計算例：OCT2BIN(144)

8進数の[144]を2進数の[1100100]に変換する。

機能 OCT2BIN関数は8進数を2進数に変換します。

8進数に指定できる文字数は10文字（30ビット）までです。OCT2BIN関数では、[7777777000]より小さい負の数や[777]より大きい正の数を指定できません。

数値の最上位のビットは符号を表し、残りの29ビットは数値の大きさを表します。[数値]に負の数を指定すると、桁数の指定は無視され10桁の2進数（10ビット）が返されます。

エンジニアリング ▶ 基数変換

2007 2010 2013 2016

8進数を10進数に変換する
OCT2DEC

書　式：OCT2DEC(数値)

計算例：OCT2DEC(144)
8進数の[144]を10進数の[100]に変換する。

機能 OCT2DEC関数は8進数を10進数に変換します。8進数に指定できる文字数は10文字（30ビット）までです。
数値の最上位のビットは符号を表し、残りの29ビットは数値の大きさを表します。
負の数は2の補数を使って表現します。

エンジニアリング ▶ 基数変換

2007 2010 2013 2016

8進数を16進数に変換する
OCT2HEX

書　式：OCT2HEX(数値 [, 桁数])

計算例：OCT2HEX(144)
8進数の[144]を16進数の[64]に変換する。

機能 OCT2HEX関数は8進数を16進数に変換します。8進数に指定できる文字数は10文字（30ビット）までです。
数値の最上位のビットは符号を表し、残りの29ビットは数値の大きさを表します。
[桁数]で16進表記での桁数を指定し、先頭に[0]を補完することができます（省略すると必要最低限の桁数で表示）。
[数値]に負の数を指定すると、桁数の指定は無視され10桁の16進数（40ビット）が返されます。最上位ビットは符号を表し、残りの39ビットが数値の大きさを表します。

エンジニアリング ▶ 単位変換

2007 2010 2013 2016

数値の単位を変換する
CONVERT

書　式：CONVERT(数値 , 変換前単位 , 変換後単位)

計算例：CONVERT(1 , "yd" , "cm")

1ヤードをcmに換算すると91.44cmとなる。

機能　CONVERT関数は、さまざまな[数値]の単位を変換します。たとえば、メートル単位で表示されている距離を、マイル単位に変換することができます。

[変換前単位]と[変換後単位]には、次のような文字列を指定することができます。文字列の大文字と小文字は区別されます。

単位の種類	単位の名称	単位	単位の種類	単位の名称	単位
重量	グラム	g	時間	年	yr
	スラグ	sg		日	day
	ポンド（常衡）	lbm		時	hr
	U（原子質量単位）	u		分	mn
	オンス（常衡）	ozm		秒	sec
距離	メートル	m	圧力	パスカル	Pa
	法定マイル	mi		気圧	atm
	海里	Nmi		ミリメートルHg	mmHg
	インチ	in	物理的な力	ニュートン	N
	フィート	ft		ダイン	dyn
	ヤード	yd		ポンドフォース	lbf
	オングストローム	ang			
	パイカ（1/72インチ）	Pica			

単位の種類	単位の名称	単位	単位の種類	単位の名称	単位
エネルギー	ジュール	J	温度	摂氏	C
	エルグ	e		華氏	F
	カロリー（物理化学的熱量）	c		絶対温度	K
	カロリー（生理学的代謝熱量）	cal	容積	ティースプーン	tsp
				テーブルスプーン	tbs
	電子ボルト	eV		オンス	oz
	馬力時	HPh		カップ	cup
	ワット時	Wh		パイント	pt
	フィートポンド	flb		クォート(米)	qt
	BTU(英国熱量単位)	BTU		クォート(英)	uk_qt
出力	馬力	HP		ガロン	gal
	ワット	W		リットル	l
磁力	テスラ	T			
	ガウス	ga			

次に示す 10 のべき乗に対応する略語は、変換前単位あるいは変換後単位に前置することができます。

接頭語	10のべき乗	略語	接頭語	10のべき乗	略語
exa	1E+18	E	deci	1E-01	d
peta	1E+15	P	centi	1E-02	c
tera	1E+12	T	milli	1E-03	m
giga	1E+09	G	micro	1E-06	u
mega	1E+06	M	nano	1E-09	n
kilo	1E+03	k	pico	1E-12	p
hecto	1E+02	h	femto	1E-15	f
dekao	1E+01	e	atto	1E-18	a

エンジニアリング ▶ 比較　　　　　　　　2007 2010 2013 2016

2つの数値が等しいかどうか調べる
DELTA

書　式：DELTA(数値1 , 数値2)

計算例：DELTA(A1 , B1)

　　セル [A1] とセル [B1] が等しいかどうか調べる。

機能　DELTA 関数は、「クロネッカーのデルタ関数」とも呼ばれ、2つの [数値] が等しいかどうかを調べ、[数値1] = [数値2] のとき [1] を返し、それ以外の場合は [0] を返します。
この関数は、複数の値をふるい分けするときに使用します。たとえば、複数の DELTA 関数の戻り値を合計することによって、等しい [数値] の組の数を計算することができます。ただし、整数以外の場合には、発生誤差に注意する必要があります。

エンジニアリング ▶ 比較　　　　　　　　2007 2010 2013 2016

数値がしきい値より小さくないかを調べる
GESTEP

書　式：GESTEP(数値 [, しきい値])

計算例：GESTEP(A1 , 1.0)

　　セル [A1] が [しきい値 =1.0] より小さくないかを調べる。

機能　GESTEP 関数は、[数値] ≧ [しきい値] のとき [1] を返し、それ以外の場合は [0] を返します。
この関数も、複数の値をふるい分けするときに使用します。たとえば、複数の GESTEP 関数の戻り値を合計することによって、しきい値を超えたデータの数を計算することができます。ただし、整数以外の場合には、発生誤差に注意する必要があります。

複素数

複素数は、「i²=-1」という性質を持つ「虚数単位」を用いて、実数部 [x] および虚数部 [y] で構成され、["x+yi"] または ["x+yj"] という形式の「文字列」で表示されます。引数に複素数を直接指定する場合は、複素数の前後を「"」(ダブルクォーテーション) で囲みます。

COMPLEX 関数は、実数部 [x] および虚数部 [y] を ["x+yi"] の形式の [複素数] に変換します。

逆に IMREAL 関数は、[複素数] の実数部を、IMAGINARY 関数は虚数部を返します。

IMCONJUGATE 関数は、文字列 ["x+yi"] の形式で指定された [複素数] の複素共役 ["x-yi"] を返します。

Excel の複素関数の戻り値は、係数や絶対値などは数値ですが、そうでない場合は、戻り値はすべて文字列になります。

関数名と書式	関数の機能
COMPLEX (実数, 虚数 [, 虚数単位])	実数部 [x] と虚数部 [y] から 複素数 [x+yi] を作成
IMREAL (複素数)	複素数 [x+yi] から実数部 [x] を取り出す
IMAGINARY (複素数)	複素数 [x+yi] から虚数部 [y] を取り出す
IMCONJUGATE (複素数)	複素数 [x+yi] から共役複素数 [x-yi] を作成
IMABS (複素数)	複素数 [x+yi] から絶対値 [r] を求める
IMARGUMENT (複素数)	複素数 [x+yi] から偏角 [θ] を求める
IMSUM (複素数1 [, 複素数2] …)	複素数 [a+bi] と複素数 [c+di] の和を求める
IMSUB (複素数1, 複素数2)	複素数 [a+bi] と複素数 [c+di] の差を求める
IMPRODUCT (複素数1 [, 複素数2] …)	複素数 [a+bi] と複素数 [c+di] の積を求める
IMDIV (複素数1, 複素数2)	複素数 [a+bi] と複素数 [c+di] の商を求める
IMPOWER (複素数, 数値)	複素数 [a+bi] のべき乗を求める
IMSQRT (複素数)	複素数 [a+bi] の平方根を求める
IMSIN (複素数)	複素数 [a+bi] のサインを求める
IMCOS (複素数)	複素数 [a+bi] のコサインを求める
IMEXP (複素数)	複素数 [a+bi] の指数関数を求める
IMLN (複素数)	複素数 [a+bi] の自然対数を求める
IMLOG10 (複素数)	複素数 [a+bi] の常用対数を求める
IMLOG2 (複素数)	複素数 [a+bi] の2を底とする対数を求める

エンジニアリング ▶ 複素数

2007 2010 2013 2016

実数/虚数を指定して複素数に変換する
COMPLEX

書　式：COMPLEX(実数 , 虚数 [, 虚数単位])

計算例：COMPLEX(2 , 3 , "i")

　　　　実部 [2]、虚部 [3]、虚数単位記号 [i] から複素数 [2+3i] を構成する。

機能　COMPLEX 関数は、実数係数 [x] および虚数係数 [y] を ["x+yi"] の形式の [複素数] に変換します。

エンジニアリング ▶ 複素数

2007 2010 2013 2016

複素数の実数部を返す
IMREAL

書　式：IMREAL(複素数)

計算例：IMREAL("2+3i")

　　　　複素数 [2+3i] の実数係数 [2] を返す。

機能　IMREAL 関数は、複素数 [x+yi] から実数部分 [x] を取り出します。

エンジニアリング ▶ 複素数

2007 2010 2013 2016

複素数の虚数部を返す
IMAGINARY

書　式：IMAGINARY(複素数)

計算例：IMAGINARY("2+3i")

　　　　複素数 [2+3i] の虚数係数 [3] を返す。

機能　IMAGINARY 関数は、複素数 [x+yi] から虚数部分 [y] を取り出します。

エンジニアリング ▶ 複素数
2007 2010 2013 2016

複素数の複素共役を返す
IMCONJUGATE

書　式：IMCONJUGATE(複素数)

計算例：IMCONJUGATE("2+3i")

複素数［2+3i］の複素共役［2−3i］を返す。

機能 IMCONJUGATE 関数は、文字列［x+yi］の形式で指定された［複素数］の複素共役［x−yi］を返します。

エンジニアリング ▶ 複素数
2007 2010 2013 2016

複素数の絶対値を返す
IMABS

書　式：IMABS(複素数)

計算例：IMABS("3+4i")

複素数［3+4i］の絶対値［5］を返す。

機能 IMABS 関数は、複素数［x+yi］から以下の式で定義される絶対値［r］を求めます。

$$r = \sqrt{x^2 + y^2}$$

エンジニアリング ▶ 複素数
2007 2010 2013 2016

複素数の偏角を返す
IMARGUMENT

書　式：IMARGUMENT(複素数)

計算例：IMARGUMENT("1+1i")

複素数［1+1i］の偏角［π/4］を返す。

機能 IMARGUMENT 関数は、複素数［x+yi］を極形式で表した場合の偏角（戻り値の単位はラジアン）を返します。

エンジニアリング ▶ 複素数

2007 2010 2013 2016

複素数の和を返す
IMSUM

書　式：IMSUM(複素数1 [, 複素数2 ...])

計算例：IMSUM("1+2i" , "2+3i")

　　　　複素数 [1+2i] と [2+3i] の和 [3+5i] を返す。

機能　IMSUM関数は、1〜255個の[複素数]の和を返します。複素数 [a+bi] と複素数 [c+di] から [(a+c) + (b+d) i] を作成します。

エンジニアリング ▶ 複素数

2007 2010 2013 2016

2つの複素数の差を返す
IMSUB

書　式：IMSUB(複素数1 , 複素数2)

計算例：IMSUB("1+2i" , "2+3i")

　　　　複素数 [1+2i] と [2+3i] の差 [−1−i] を返す。

機能　IMSUB関数は、2つの[複素数]の差を返します。複素数 [a+bi] と複素数 [c+di] から [(a−c) + (b−d) i] を作成します。

エンジニアリング ▶ 複素数

2007 2010 2013 2016

複素数の積を返す
IMPRODUCT

書　式：IMPRODUCT(複素数1 [, 複素数2 ...])

計算例：IMPRODUCT("1+2i" , "1−2i")

　　　　複素数 [1+2i] と [1−2i] の積 [5] を返す。

機能　IMPRODUCT関数は、1〜255個の[複素数]の積を返します。複素数 [a+bi] と [c+di] から [(ac−bd) + (ad+bc) i] を作成します。

エンジニアリング ▶ 複素数

2007 2010 2013 2016

2つの複素数の商を返す
IMDIV

書　式：IMDIV(複素数1 [, 複素数2 ...])
計算例：IMDIV(5 , "1+2i")

[5] を [1+2i] で割った商 [1-2i] を返す。

機能 IMDIV 関数は、2つの [複素数] の商を返します。複素数 [a+bi] と複素数 [c+di] から [(ac+bd)/(c²+d²)+i(bc-ad)/(c²+d²)] を作成します。

エンジニアリング ▶ 複素数

2007 2010 2013 2016

複素数のべき乗を返す
IMPOWER

書　式：IMPOWER(複素数 , 数値)
計算例：IMPOWER("i" , 2)

実数部 [0]、虚数部 [1] の複素数 [i] の2乗 [-1+1.22E-16i]（虚数部は0とみなせる）を返す。

機能 IMPOWER 関数は、[複素数] のべき乗を返します。[数値] には整数、分数、あるいは負の数を指定することができます。複素数のべき乗は、絶対値 [r] をn乗し、角度θをn倍させた値になります。計算例は、虚数部のy=rsinθ=1、すなわち、r=1, θは90度の場合です。本来は2乗すると、2×90=180度（πラジアン）となるため、実数部 [rncosnθ] だけが残り、[-1] が解となります。Excel の有効桁数による「π」の誤差から、虚数部にも値が表示されてしまいますが、「0」とみなせる値です。

$$(x+yi)^n = (re^{i\theta})^n = r^n \cos n\theta + ir^n \sin n\theta$$
$$r = \sqrt{x^2+y^2} \qquad y = r\sin\theta$$
$$x = r\cos\theta \qquad \theta = \tan^{-1}\left(\frac{y}{x}\right)$$

エンジニアリング ▶ 複素数

2007 2010 2013 2016

複素数の平方根を返す
IMSQRT

書　式：IMSQRT(複素数)

計算例：IMSQRT("i")

実数部 [0]、虚数部 [1] の複素数 [i] の平方根 [0.707+0.707i] を返す。

機能　IMSQRT 関数は、[複素数] の平方根を返します。複素数の平方根の式は次のとおりです。計算例は、虚数部の y=rsinθ=1、すなわち、r=1, θ は 90 度の場合です。したがって、「i」の平方根は θ が 45 度の場合のコサインとサインで表わされます。[0.707] とは、θ を 45 度にした場合のコサインとサインの値です。

$$\sqrt{x+yi} = \sqrt{r}\cos\frac{\theta}{2} + i\sqrt{r}\sin\frac{\theta}{2}$$
$$r = \sqrt{x^2+y^2} \quad y = r\sin\theta$$
$$x = r\cos\theta \quad \theta = tan^{-1}(\frac{y}{x})$$

エンジニアリング ▶ 複素数

2007 2010 2013 2016

複素数のサイン(正弦)を返す
IMSIN

書　式：IMSIN(複素数)

計算例：IMSIN(PI()&"i")

実数部 [0]、虚数部 [π] の複素数 [π i] のサインは [π] ラジアンにおける SINH 関数となり、[11.55i] を返す。

機能　IMSIN 関数は、[複素数] のサイン (正弦) を返します。

$$\sin(x+yi) = \sin(x)\cosh(y) - \cos(x)\sinh(y)i$$

エンジニアリング ▶ 複素数

2007 2010 2013 2016

複素数のコサイン（余弦）を返す
IMCOS

書　式：IMCOS(複素数)

計算例：IMCOS(PI()&"i")

実数部 [0]、虚数部 [π] の複素数 [π i] のサインは [π] ラジアンにおける COSH 関数となり、[11.59] を返す。

機能　IMCOS 関数は、[複素数] のコサイン（余弦）を返します。

$$\cos(x + yi) = \cos(x)\cosh(y) - \sin(x)\sinh(y)i$$

エンジニアリング ▶ 複素数

2007 2010 2013 2016

複素数のタンジェント（正接）を返す
IMTAN

書　式：IMTAN(複素数)

計算例：IMTAN("1+2i")

複素数 [1+2i] の正接 [0.0338128260798967+ 1.01479361614663i] を返す。

機能　IMTAN 関数は、[複素数] のタンジェント（正接）を返します。

エンジニアリング ▶ 複素数

2007 2010 2013 2016

複素数のセカント（正割）を返す
IMSEC

書　式：IMSEC(複素数)

計算例：IMSEC("1+2i")

複素数 [1+2i] の正割 [0.151176298265577+ 0.226973675393722i] を返す。

機能　IMSEC 関数は、[複素数] のセカント（正割）を返します。

エンジニアリング ▶ 複素数

複素数のコセカント(余割)を返す
IMCSC

書　式：IMCSC(複素数)

計算例：IMCSC("1+2i")
　　複素数 [1+2i] の余割 [0.228375065599687−0.1413630216124081i] を返す。

機能 IMCSC 関数は、[複素数] のコセカント(余割)を返します。

エンジニアリング ▶ 複素数

複素数のコタンジェント(余接)を求める
IMCOT

書　式：IMCOT(複素数)

計算例：IMCOT("1+2i")
　　複素数 [1+2i] の複素数の余接 [0.0327977555337526−0.9843292226458191i] を返す。

機能 IMCOT 関数は、[複素数] の余接(コタンジェント)を返します。

エンジニアリング ▶ 複素数

複素数の双曲線正弦を求める
IMSINH

書　式：IMSINH(複素数)

計算例：IMSINH("1+2i")
　　複素数 [1+2i] の複素数の双曲線正弦 [−0.489056259041294+1.403119250622041i] を返す。

機能 IMSINH 関数は、[複素数] の双曲線正弦(ハイパーボリックサイン)を返します。

エンジニアリング ▶ 複素数

複素数の双曲線余弦を求める
IMCOSH

書　式：IMCOSH(複素数)

計算例：IMCOSH("1+2i")

複素数［1+2i］の複素数の双曲線余弦［-0.64214812
471552+1.068607421 38278i］を返す。

機能 IMCOSH 関数は、［複素数］の双曲線余弦（ハイパーボリックコサイン）を返します。

エンジニアリング ▶ 複素数

複素数の双曲線正割を求める
IMSECH

書　式：IMSECH(複素数)

計算例：IMSECH("1+2i")

複素数［1+2i］の複素数の双曲線正割［-0.413149
34426694-0.687527438655479i］を返す。

機能 IMSECH 関数は、［複素数］の双曲線正割（ハイパーボリックセカント）を返します。

Memo

三角関数の引数に複素数を使う

SIN 関数や ACOS 関数など三角関数の引数に使用できるのは実数のみで、複素数を使用するとエラー値［#VALUE!］が返されます。三角関数の引数に複素数を使用する場合は、エンジニアリング関数のIMSIN 関数、IMCOS 関数など、複素数を用いることができる関数を利用します。

エンジニアリング ▶ 複素数

複素数の双曲線余割を求める
IMCSCH

書　式：IMCSCH(複素数)

計算例：IMCSCH("1+2i")

複素数［1+2i］の複素数の双曲線余割［−0.221500930850509−0.6354937992539i］を返す。

機能　IMCSCH 関数は、［複素数］の双曲線余割（ハイパーボリックコセカント）を返します。

エンジニアリング ▶ 複素数

複素数の指数関数を返す
IMEXP

書　式：IMEXP(複素数)

計算例：IMEXP(PI()&"i")

実数部［0］、虚数部［π］の複素数［π i］の自然対数を底とするべき乗［−1+3.23E−15i］（虚数部は 0 とみなせる）を返す。

機能　IMEXP 関数は、自然対数を底とする［複素数］のべき乗を返します。式は次のとおりです。計算例は、虚数部を［π］としているため、実数部［cosy］だけが残り、［−1］が解となります。Excel の「π」の有効桁数により誤差が発生し、「0」になるべきところ、虚数部にも値が表示されてしまいますが、「0」とみなせる値です。

$$e^{(x+yi)} = e^x e^{yi} = e^x(\cos y + i \sin y)$$

エンジニアリング ▶ 複素数　　　2007 2010 2013 2016

複素数の自然対数を返す
IMLN

書　式：IMLN(複素数)

機 能　IMLN 関数は、[複素数] の自然対数を返します。

$$\ln(x+yi) = \ln\sqrt{x^2+y^2} + i\arctan\left\{\frac{y}{x}\right\}$$

エンジニアリング ▶ 複素数　　　2007 2010 2013 2016

複素数の常用対数を返す
IMLOG10

書　式：IMLOG10(複素数)

機 能　IMLOG10 関数は、[複素数] の 10 を底とする対数（常用対数）を返します。

$$\log_{10}(x+yi) = (\log_{10} e)\ln(x+yi)$$

エンジニアリング ▶ 複素数　　　2007 2010 2013 2016

複素数の 2 を底とする対数を返す
IMLOG2

書　式：IMLOG2(複素数)

機 能　IMLOG2 関数は、[複素数] の 2 を底とする対数を返します。

$$\log_2(x+yi) = (\log_2 e)\ln(x+yi)$$

エンジニアリング ▶ 誤差積分

ERF 2007 2010 2013 2016
ERF.PRECISE 2✕7 2010 2013 2016

誤差関数の積分値を返す
ERF
ERF.PRECISE

書 式：ERF (下限 [, 上限])

計算例：ERF (1.0 , 1.5)

[1.0] ～ [1.5] の範囲で、誤差関数の積分値を返す。

書 式：ERF.PRECISE (下限)

計算例：ERF.PRECISE (1.5)

[0] ～ [1.5] の範囲で誤差関数の積分値を返す。

機能 ERF 関数は、[下限] ～ [上限] の範囲で、誤差関数の積分値を返します。[上限] を省略すると、[0] ～ [下限] の範囲での積分値を返します。これは、ERF.PRECISE 関数と同じ意味になります。

エンジニアリング ▶ 誤差積分

ERFC 2007 2010 2013 2016
ERFC.PRECISE 2✕7 2010 2013 2016

相補誤差関数の積分値を返す
ERFC (ERFC.PRECISE)

書 式：ERFC (下限)

書 式：ERFC.PRECISE (下限)

計算例：ERFC (1.0)

[1] ～∞の範囲で、誤差関数の積分値を返す。

機能 ERFC 関数は、[下限] ～ [∞] の範囲で、誤差関数の積分値を返します。

同じ [下限] の場合、ERFC (ERFC.PRECISE) 関数と ERF (ERF.PRECISE) 関数の戻り値の合計は [1] になります。

誤差積分と ERF/ERFC 関数

●標準正規分布と誤差積分

ERF 関数は、標準正規分布の確率密度関数を、区間 $[-\infty]$ 〜 $[\infty]$ の代わりに区間 $[0]$ 〜 $[\infty]$ で積分して、その値が $[1]$ になるように正規化し直したものです。熱統計力学におけるマックスウェル・ボルツマン分布の積分関数に相当し、その被積分関数の形状から「誤差積分」と呼ばれます。

$$\text{NORMSDIST}(z) = \int_{-\infty}^{z} \frac{1}{\sqrt{2\pi}} e^{-\left(\frac{x^2}{2}\right)} dx$$

$$\Rightarrow \left[\begin{array}{l} \frac{x}{\sqrt{2}} \to t \\ \int_{-\infty}^{\infty} f(x)dx = 1 \to \int_{0}^{\infty} f(x)dx = 1 \end{array} \right] \Rightarrow \text{ERF}(x) = \frac{2}{\sqrt{\pi}} \int_{0}^{x} e^{-t^2} dt$$

● ERF 関数と ERFC 関数

ERF 関数は［下限］から［上限］までの誤差関数の積分値を返します。［下限］と［上限］の両方を指定すると定積分に相当し、［下限］だけを指定すると［下限］までの原始関数に相当します。

ERFC 関数は引数［x］に指定した数値から［∞］の範囲での誤差関数の積分値を返すので、［下限］だけを指定した ERF 関数と相補関係（加え合わせると 1 になる）になるので、相補誤差関数と呼ばれます。それぞれの振る舞いを下図に示します。

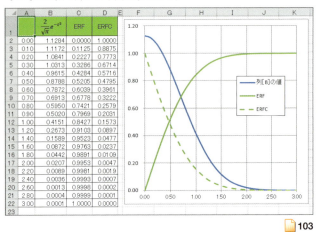

103

エンジニアリング ▶ ベッセル関数

2007 2010 2013 2016

ベッセル関数 Jn(x) を計算する
BESSELJ

書 式：BESSELJ(x , n)

ベッセル関数 Jn（x）を返す。

機能 BESSELJ 関数は、第１種ベッセル関数（第１種円柱関数）[Jn（x）]を返します。

変数を［x］とする［n］次の第１種ベッセル関数 Jn（x）は、次の数式で表されます。ここで、Γ（n+k+1）はガンマ関数を表します。

$$J_n(x) = \sum_{s=0}^{\infty} \frac{(-1)^s}{s!(n+s)!} \left(\frac{x}{2}\right)^{n+2s}$$

エンジニアリング ▶ ベッセル関数

2007 2010 2013 2016

ベッセル関数 Yn(x) を計算する
BESSELY

書 式：BESSELY(x , n)

ベッセル関数 Yn（x）を返す。

機能 BESSELY 関数は、第２種ベッセル関数（第２種円柱関数）[Yn（x）]を返します。この関数は、ウェーバー関数、あるいはノイマン関数とも呼ばれます。

変数を［x］とする［n］次の第２種ベッセル関数 Yn（x）は、次の数式で表されます。

$$Y_n(x) = \lim_{v \to n} \frac{\cos(v\pi)J_v(x) - J_{-v}(x)}{\sin(v\pi)} = \frac{1}{\pi}\left[\frac{\partial J_v(x)}{\partial v} - (-1)^n \frac{\partial J_{-v}(x)}{\partial v}\right]_{v \to n}$$

Memo

ベッセル関数とベッセル方程式

「ベッセル関数」は「ベッセル方程式」と呼ばれる、自然界のさまざまな現象が従う二次微分方程式の一般解を構成します。この方程式は、シュレージンガーの波動方程式から熱伝導、膜振動まで非常に広い範囲をカバーします。

ベッセル方程式には下に示すように2つの種類があり、それぞれに2つずつの一般解が用意されているので、都合4種類の関数が必要です。

$$\frac{d^2y}{dx^2} + \frac{1}{x}\frac{dy}{dx} + \left(1 - \frac{n^2}{x^2}\right)y = 0 \quad \text{[n次のベッセル方程式]}$$

$$\Rightarrow y = \begin{cases} aJ_n(x) + bJ_{-n}(x) & \text{[n:非整数]} \\ aJ_n(x) + bY_n(x) & \text{[n:整数]} \end{cases}$$

$$J_n(x) = \sum_{s=0}^{\infty} \frac{(-1)^s}{s!(n+s)!}\left(\frac{x}{2}\right)^{n+2s} \quad \text{[第1種のベッセル関数]}$$

$$Y_n(x) = \lim_{v \to n} \frac{\cos(v\pi)J_v(x) - J_{-v}(x)}{\sin(v\pi)} \quad \text{[第2種のベッセル関数]}$$

$$\frac{d^2y}{dx^2} + \frac{1}{x}\frac{dy}{dx} - \left(1 + \frac{n^2}{x^2}\right)y = 0 \quad \text{[n次の変形ベッセル方程式]}$$

$$\Rightarrow y = \begin{cases} aI_n(x) + bI_{-n}(x) & \text{[n:非整数]} \\ aK_n(x) + bK_n(x) & \text{[n:整数]} \end{cases}$$

$$I_n(x) = (i)^{-n}J_n(ix) = \sum_{s=0}^{\infty} \frac{1}{s!(n+s)!}\left(\frac{x}{2}\right)^{n+2s}$$

[第1種の変形ベッセル関数]

$$K_n(x) = \left(\frac{\pi}{2}\right)(i)^{v+1}\{J_v(ix) + iY_v(ix)\}$$

$$= \lim_{v \to n} \left(\frac{\pi}{2}\right) \frac{I_v(x) - I_{-v}(x)}{\sin(v\pi)} \quad \text{[第2種の変形ベッセル関数]}$$

エンジニアリング ▶ ベッセル関数　　　2007 2010 2013 2016

変形ベッセル関数 In(x) を計算する
BESSELI

書　式：BESSELI(x , n)
変形ベッセル関数 In (x) を返す。

機能　BESSELI 関数は、第 1 種変形ベッセル関数 [In (x)] を返します。この関数は、純虚数を引数としたときのベッセル関数 Jn に相当します。
変数を [x] とする [n] 次の第 1 種変形ベッセル関数 In (x) は、次の数式で表されます。

$$I_n(x) = (i)^{-n} J_n(ix)$$

エンジニアリング ▶ ベッセル関数　　　2007 2010 2013 2016

変形ベッセル関数 Kn(x) を計算する
BESSELK

書　式：BESSELK(x , n)
変形ベッセル関数 Kn (x) を返す。

機能　BESSELK 関数は、第 2 種変形ベッセル関数 [Kn (x)] を返します。この関数は、純虚数を引数としたときのベッセル関数 Jn と Yn の和に相当します。
変数を [x] とする [n] 次の第 2 種変形ベッセル関数 Kn (x) は、次の数式で表されます。

$$K_n(x) = \frac{\pi}{2} i^{n+1} (J_n(ix) + i Y_n(ix))$$

4つのベッセル関数のそれぞれの振る舞い

●ベッセル関数の用途と振る舞い

第1種ベッセル関数 Jn(x) の値は全領域で有限値を取りながら振動し、第2種ベッセル関数 Yn(x) は [x=0] で発散しますが振動しながら [x=∞] で値が収束します。Jn(x) や Yn(x) は、極座標や円柱座標で現れ、「有限領域における振動」などの問題に有効です。

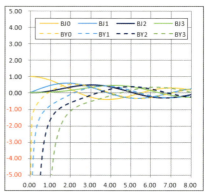

104

●変形ベッセル関数の用途と振る舞い

第1種変型ベッセル関数 In(x) は [x=0] で有限値を取りますが [x=∞] では発散し、第2種変型ベッセル関数 Kn(x) はその逆です。In(x) や Kn(x) は、極座標や円柱座標で現れ、境界値から外側に向かった「拡散」の問題に有効です。

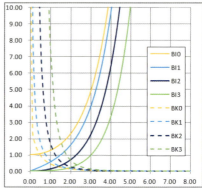

105

第11章

キューブ・Web

キューブ

2007 2010 2013 2016

キューブからセットを返す
CUBESET

書　式：CUBESET(接続名 , セット式 [, キャプション]
[, 並べ替え順序] [, 並べ替えキー])

計算例：CUBESET("集客数分析"
, "[Product].[All Products].Children" , "店舗名")
SQL サーバーに［集客数分析］という接続名で接続し、取り出した［[Product].[All Products].Children］というセットから［店舗名］というキャプションを返す。

機能　CUBESET 関数は、Microsoft SQL Server Analysis Services（SQL サーバー）のキューブにあるメンバーあるいは組のセットを取り出します。このとき、取り出すセットは、［セット式］に指定されたメンバーや組が存在するかどうかを確認します。［接続名］と［セット式］以外の引数は省略できます。なお、この関数以降 P.301 までのキューブ関数を使用するには、Microsoft SQL Server Analysis Services のデータベースに接続しておく必要があります。

キューブ

2007 2010 2013 2016

キューブセットにある項目数を返す
CUBESETCOUNT

書　式：CUBESETCOUNT(セット)

計算例：CUBESETCOUNT(CUBESET ("集客数分析"
, "[Product].[All Products].Children" , "店舗名")
CUBESET 関数で指定したセットに含まれる項目数を返す。

機能　CUBESETCOUNT 関数は、［セット］で指定したキューブセットに含まれる項目数をカウントします。

キューブ 2007 2010 2013 2016

キューブから指定したセットの集計値を返す
CUBEVALUE

書　式：CUBEVALUE(セット , メンバー式1
　　　　　[, メンバー式2…] …)

計算例：CUBEVALUE("集客数分析"
　　　　　, "[Product].[All Products].Children")
　　　　　SQLサーバーに［集客数分析］という接続名で接続し、[[Product].[All Products].Children] メンバーで指定したキューブの合計値を返す。

機　能　CUBEVALUE 関数は、Microsoft SQL Server Analysis Services のキューブに［セット］で指定されたメンバーや組のセットをもとに、［メンバー式］で指定したキューブの合計値を返します。

キューブ 2007 2010 2013 2016

キューブからメンバーまたは組を返す
CUBEMEMBER

書　式：CUBEMEMBER(接続名 , メンバー式
　　　　　[, キャプション])

計算例：CUBEMEMBER("集客数分析"
　　　　　, "[Product].[All Products].Children" , "店舗名" ,)
　　　　　SQLサーバーに［集客数分析］という接続名で接続し、取り出した [[Product].[All Products].Children] というセットを検索し、メンバーや組が存在する場合は［店舗名］というキャプションを返す。

機　能　CUBEMEMBER 関数は、Microsoft SQL Server Analysis Services のキューブにメンバーや組が存在するかどうか返します。このとき、［メンバー式］で指定したメンバーや組が存在する場合は、［キャプション］で指定した文字列が表示されます。

キューブ

キューブからメンバーのプロパティの値を返す
CUBEMEMBERPROPERTY

2007 2010 2013 2016

書　式：CUBEMEMBERPROPERTY(接続名 , メンバー式 , プロパティ)

計算例：CUBEMEMBERPROPERTY("集客数分析" , "[Product].[All Products].Children" , "新宿店")

SQLサーバーに［集客数分析］という接続名で接続して、取り出した［[Product].[All Products].Children］というセットを検索し、［プロパティ］で指定した「新宿店」が存在するときはそのプロパティを返す。

機能 CUBEMEMBERPROPERTY関数は、メンバーがキューブ内に存在しているかどうかを確認します。［メンバー式］で指定したメンバーが存在するときはそのメンバーのプロパティの値を返します。

Memo
キューブ関数とSQLサーバー

「キューブ」とは外部のデータベースを示す言葉で、キューブ関数で使用するキューブを作成する場合は、マイクロソフトが提供するSQLサーバー（Microsoft SQL Server Analysis Services）が必要です。このため、一般ユーザーが利用する機会はまれで、中から大規模のデータベースを扱う場合など用途は限られます。
なお、マイクロソフトは個人や小規模商用向けに無償で利用できるSQL Server Expressを提供していますが、これを利用してもキューブを作成することはできません。

キューブ

キューブで指定したランクのメンバーを返す
CUBERANKEDMEMBER

書　式：CUBERANKEDMEMBER(接続名 , セット式
　　　　, ランク [, キャプション])

計算例：CUBERANKEDMEMBER("集客数分析"
　　　　, CUBESET ("Visitor","Summer","[2016].[June]","[2016].[July]","[2016].[August]")
　　　　, 1 , "トップ月")

　　SQLサーバーに［集客数分析］という接続名で接続して、CUBESET関数（P.298参照）で取り出したセットから［ランク］で指定した1番目のメンバーを返し、「トップ月」と表示する。

機能 CUBERANKEDMEMBER関数は、［セット式］から［ランク］で指定した位置（順位）のメンバーを返します。［キャプション］を省略した場合は、見つかったメンバーのキャプションが表示されます。

キューブ

主要業績評価指標（KPI）を返す
CUBEKPIMEMBER

書　式：CUBEPIMEMBER(接続名 , KPI名
　　　　, KPIのプロパティ [, キャプション])

計算例：CUBEPIMEMBER("販売分析" , "MySalesKPI"
　　　　, 3 , "状態")

　　SQLサーバーに［集客数分析］という接続名で接続し、指定したKPI［MySalesKPI］から［3］状況を取り出し、「状態」というキャプションを返す。

機能 CUBEPIMEMBER関数は、キューブの主要業績評価指標（KPI）から［プロパティ］で指定した指標を返します。

URL形式でエンコードされた文字列を返す
ENCODEURL

書 式：ENCODEURL(文字列)

機能 ENCODEURL 関数は、[文字列]で指定した文字列を URL エンコード（URL として利用できるコード）に変換します。日本語やスペースが URL として表記できるように変換され、Web ページの URL 表示などに使用できます。

Webサービスからのデータを返す
FILTERXML

書 式：FILTERXML(XML , パス)

計算例：FILTERXML(A2 , "//link")
　　　　セル[A2]にある XML 形式のデータから、取り出したい情報がある「//link」というパスを指定する。

機能 FILTERXML 関数は、[XML]で指定した XML 形式のデータから[パス]にあるデータを取り出します。指定されたパスが複数ある場合は、複数のデータが配列として返されます。

XML形式のデータから必要な情報だけを取り出す
WEBSERVICE

書 式：WEBSERVICE(URL)

計算例：WEBSERVICE(
　　　　"http://rss.weather.yahoo.co.jp/rss/days/14.xml")
　　　　[URL]で指定した Web サービスからデータを取得する。

機能 WEBSERVICE 関数は、[URL]で指定した Web サービスからデータを取得します。取得できるデータは XML または JSON 形式のデータです。

Appendix ▶ 1

演算子の種類とセル参照

演算子の種類

演算子には「算術演算子」「比較演算子」「文字列演算子」「参照演算子」があり、優先順位が高いほうから計算が行われます（次ページ上表参照）。同じ優先順位の演算子がある場合は、数式の左から順に計算されます。計算順序を変更するには、先に計算したい部分を半角のカッコ「( )」で囲みます。

●算術演算子

算術演算子は、加減乗除やべき乗など、数式の中や関数の中の算術式を記述するための演算子です。数値を組み合わせて演算を行い、計算結果として数値を返します。減算を行う「－」は、負の符号としても使用されます。

●比較演算子

比較演算子は2つの値を比較し、計算結果として論理値TRUE（1）またはFALSE（0）を返します。比較演算子は、引数に論理式を指定する論理関数などで使用されます。

●文字列演算子

文字列演算子は「&」だけです。「&」は複数の文字列を結合して、1つの文字列に変換します。比較演算子のうち「＝」だけは、文字列にも使用できます。

●参照演算子

参照演算子は、計算に使用するセル範囲を定義するための演算子です。参照演算子には「:」（コロン）、「,」（カンマ）、半角スペースがあります。この演算子に対しては「( )」は使えません。

セル参照

あらかじめワークシートに入力されている値を数式の中で利用する場合は、セル参照を使います。単に1つのセルを参照する場合には参照演算子は不要ですが、セル範囲を組み合わせる場合には、参照演算子を使用します。

	演算子	記号	読み／意味
1	算術演算子	%	パーセンテージ
		^	べき乗
		*、/	乗算、除算
		+、−	加算、減算、負号
2	比較演算子	=、<、>、<=、>=、<>	大きさの比較
3	文字列演算子	&	文字列の結合
		:	コロン
		,	カンマ
			スペース*1

*1 判別できるように色を付けています。

演算子	処理	優先順位
+	加算（足し算）	5
−	減算（引き算）	5
−	負号	1
*	乗算（掛け算）	4

演算子	処理	優先順位
/	除算（割り算）	4
^	べき乗	3
%	パーセンテージ	2

●「:」（コロン）を使用する

「:」は、連続したセル範囲を指定する参照演算子で、「セル範囲の左上のセル:右下のセル」の形で記述します。

●「,」（カンマ）を使用する

「,」は、隣接していないセルを同時に指定する参照演算子で、「セル番地,セル番地,...」の形で記述します。

●半角スペースを使用する

半角スペースは、2つのセル範囲の交差範囲を指定する参照演算子で、セル範囲の名前やラベルと組み合わせて使用されます。

●比較演算子

比較演算子は、左辺と右辺の数値を比較するための演算子で、「=」「>」「<」「>=」「<=」「<>」の6種類があり、主に条件式の記述に使用されます。

●文字列演算子

文字列演算子「&」は、文字列を連結して1つの文字列にする演算子です。

Appendix ▶ 2

表示形式と書式記号

書式と書式記号

表示形式は、1～4個の「書式」で構成され、間を「;」(セミコロン)で区切られており、それぞれ適用対象が異なります。書式が2つしかない場合は、「書式1」が「正の数とゼロ」、「書式2」が「負の数」に適用されます。

書式1 ; 書式2 ; 書式3 ; 書式4

正の数の書式　負の数の書式　[0]の書式　文字列の書式

分類	表示
標準	セルの初期設定の表示形式。セル内では数値を右揃えで、文字列を左揃えで表示します。
数値	数値を表示。小数点以下の表示桁数や負の数の表示方法などを指定できます。
通貨	金額を「,」で区切って表示。「¥」の表示/非表示、負の数の表示方法などを指定できます。
会計	金額を表示。「¥」の表示/非表示、値が [0] の場合、「-」と表示されます。「¥」はセルの左端に、数値は右揃えで表示されます。
日付	西暦や和暦で日付を表示。日付と時刻をともに表示することもできます。右揃えで表示されます。
時刻	時刻をさまざまな形式で表示。右揃えで表示されます。
パーセンテージ	数値に「%」を付けて百分率を表示。小数点以下の桁数も指定できます。右揃えで表示されます。
分数	分数の形式で数値を表示。小数部を分数で表示するときの分母を指定できます。整数部と分数の間にはスペースが挿入され、右揃えで表示されます。
指数	指数の形式で数値を表示。小数点以下の桁数を指定できます。右揃えで表示されます。
文字列	データを文字列として表示。数値も文字列として扱われるため、セル内で左揃えで表示されます。
その他	郵便番号や電話番号として表示、または数値の正負記号「△」「▲」、漢数字などを自動的に表示します。
ユーザー定義	オリジナルの表示形式を作成できます。

● **数値の位取りをする書式記号**

セルに数字を表示するには、小数部と整数部を「.」で区切り、その両側に位取りの書式記号を指定します。位取りの書式記号は、入力値の桁数が指定した桁数に満たない場合の表示方法によって使い分けます。どの書式記号も、整数部の桁数が指定した桁数より多い場合は、そのまま値を表示します。また、小数部の桁数が指定した桁数より多い場合は、指定した桁数になるように四捨五入して表示します。

書式記号	意味
0	数字を表示します。値の整数部または小数部の桁数が、指定した桁数に満たない場合は、その桁数になるまで［0］を表示します。
?	数字を表示します。値の整数部または小数部の桁数が、指定した桁数に満たない場合は、その桁数分のスペースが空けられるので、小数点の位置をそろえることができます。
#	数字を表示します。値の整数部または小数部の桁数が、指定した桁数に満たない場合でも、［0］やスペースで桁数は補われません。

● **文字を表示する書式記号**

書式記号	意味
!	「!」の後ろに指定した半角の文字を1文字表示します。
"	半角の「"」（ダブルクォーテーション）でくくって指定した文字列を表示します。
@	セルに入力されている文字列を指定した位置に表示します。
*	「*」の後ろに指定した文字を、セル幅が満たされるまで繰り返し表示します。1つの書式に「*」を複数指定することはできません。
_	「_（アンダーバー）」の後ろに指定した文字と同じ文字幅分のスペースを空けます。

符号や演算子などに使用される記号「-」「+」「=」「<」「>」「^」「&」「:」「(」「)」「'」「`」「~」「.」「{」「}」「＄」「¥」と半角のスペースを表示する場合は、文字を表示する書式記号「!」や「"」で指定する必要はありません。

●日付や時刻を表示する書式記号

日付や時刻の各要素を区切る「/」「-」「:」などの記号は、日付や時刻の書式記号と組み合わせて指定する場合、文字を表示する書式記号で指定する必要はありません。

ただし、「年」「月」「日」や「時」「分」「秒」などの日本語で各要素を区切る場合は、これらの文字を半角の「"」(ダブルクォーテーション) でくくって指定します。

書式記号	意味
d	日付の「日」を数字(1〜31)で表示します。
dd	日付の「日」を2桁の数字(01〜31)で表示します。
ddd	曜日を英語(Sun〜Sat)で表示します。
aaa	曜日を日本語(日〜土)で表示します。
m	日付の「月」を数字(1〜12)で表示します。
mm	日付の「月」を2桁の数字(01〜12)で表示します。
mmm	日付の「月」を英語(Jan〜Dec)で表示します。
yy	日付の「年(西暦)」を2桁の数字(00〜99)で表示します。
yyyy	日付の「年(西暦)」を4桁の数字(1900〜9999)で表示します。
g	日付の年号をアルファベット(H、S、T、M)で表示します。
gg	日付の年号を日本語(平、昭、大、明)で表示します。
ggg	日付の年号を日本語(平成、昭和、大正、明治)で表示します。
h	時刻の「時」を数字(0〜23)で表示します。
hh	時刻の「時」を2桁の数字(00〜23)で表示します。
m	時刻の「分」を数字(0〜59)で表示します。
mm	時刻の「分」を2桁の数字(00〜59)で表示します。
s	時刻の「秒」を数字(0〜59)で表示します。
ss	時刻の「秒」を2桁の数字(00〜59)で表示します。
AM/PM	時刻を12時間表示に変換し、「AM」または「PM」を付けて表示します。この書式記号は、時刻の書式記号の後ろに指定します。
am/pm	時刻を12時間表示に変換し、「am」または「pm」を付けて表示します。この書式記号は、時刻の書式記号の後ろに指定します。
[h]	「時」の経過時間を数字で表示します。24時を超える時間を[26][48]のように表示できます。
[hh]	「時」の経過時間を2桁の数字で表示します。

書式記号	意味
[m]	「分」の経過時間を数字で表示します。60 分を超える時間を [70] [120] のように表示できます。
[mm]	「分」の経過時間を 2 桁の数字で表示します。
[s]	「秒」の経過時間を数字で表示します。60 秒を超える時間を [70] [120] のように表示できます。
[ss]	「秒」の経過時間を 2 桁の数字で表示します。

「m」「mm」は、日付の書式記号と組み合わせて指定した場合は「月」を表示し、時刻の書式記号と組み合わせて指定した場合は「時」を表示します。

経過時間を表示する書式記号は、時刻の書式の先頭以外には指定できません。たとえば、「hh:[mm]:ss」のように指定することはできません。

●色を指定する書式記号

表示色を指定する場合は、次の書式記号を書式の先頭に指定します。セルの書式でフォントの色が設定されている場合でも、表示形式で指定されている色のほうが優先されます。

書式記号	意味
[色]	色(「黒」「白」「赤」「緑」「青」「黄」「紫」「水」の 8 色)を「[ ]」でくくって指定します。
[色 n]	上の 8 色以外の色を指定するには、<パターン>の一覧の色の色番号(下図参照)で指定します。たとえば色番号 9 の色を指定するには、「[色 9]」のように指定します。

Appendix ▶ 3

配列数式と配列定数

配列

「配列」は、「n×mの矩形のかたちのデータ」をひとかたまりで扱います。都合の良いことに、ワークシートのセルは配列の要素と見ることができるため、Excelの関数の中には「引数に配列を指定できる」という代わりに「引数にセル範囲を指定できる」と表現している場合があります。

配列数式と配列定数

配列には、「配列数式」と「配列定数」があります。「配列数式」は、引数に「配列として定義された複数の値」や「セル範囲」を参照する数式で、複数のデータからの計算結果を、一度に複数のセルに出力したり、まとめて1つのセルに出力したりすることができます。関数を使った配列数式では、ワークシートのセルに値(定数)を入力せずに、引数に直接配列を入力することもできます。この配列は「配列定数」と呼ばれます。配列定数は、次のような特定の書式に従って入力します。

① 配列定数は、中カッコ [{ }] で囲みます。
② 異なる列の値はカンマ [,] で区切ります。たとえば、値「10、20、30」を表すには、{10,20,30} と入力します。この配列定数は、1×3配列と呼ばれ、1列×3行のセル範囲を参照するのと同じ働きをします。
③ 異なる行の値はセミコロン [;] で区切ります。たとえば、ある行の値「10、20、30」とそのすぐ下の行の値「40、50、60」を表すには、2×3配列の配列定数 {10,20,30;40,50,60} を入力します。

配列引数と配列範囲

引数に「配列として定義された複数の値」の組を「配列引数」と呼びます。また、1つの数式から複数のセルに計算結果を出力した場

合は、複数のセルが1つの数式を共有することになります。この1つの数式を共有するセル範囲を「配列範囲」と呼びます。

配列数式の使い方
配列定数を利用すると、次のようなことができます。
●「セル範囲⇒セル範囲」の計算ができる
複数のデータから同時に複数のデータを得る計算ができるようになるので、Excelでも次の計算が可能になります。
① 行列の計算ができる
　　逆行列を求める（MINVERSE関数）
　　行列の積を求める（MMULT関数）
② 行と列を交換できる（TRANSPOSE関数）
③ 度数分布が計算できる（FREQUENCY関数）
●「セル範囲ごと」の計算ができる
セル範囲に一度に同じ関数を入力することができるので、操作が簡単になります。セルを1つずつ変更することができないので、誤操作の防止にもなります。

適用例
最初は関数を使わずに、配列数式だけで合計を求める例です。第2行と第3行の計算は、配列数式として1回で入力しています。配列数式として入力する場合には、入力する複数のセルからなるセル範囲を選択してから関数を入力し、[Ctrl]+[Shift]を押しながら[Enter]を押して入力を確定します。

Appendix 3

[Ctrl]+[Shift]+[Enter]で入力する

Appendix ▶ 4

Excelのバージョンごとの関数機能

●関数の入力方法

リボン形式のメニューが採用されたExcel 2007以降、タブメニューの内容や機能ボタンの配置などは変更されているものがあったり、メニューやダイアログボックスのデザインや配色が異なったりするものもありますが、関数関連の操作方法はほぼ同じです。

関数の入力に使用する＜関数の挿入＞ダイアログボックスや＜関数の引数＞ダイアログボックスも、基本的な画面構成や操作方法は同じです。

Excel 2007/2010

Excel 2013

Excel 2016

● **カラーリファレンス**

カラーリファレンスには、四隅にハンドルが表示されており、どのハンドルをドラッグしてもセル範囲の修正ができます。
Excel 2013/2016では囲まれた範囲に薄い色が表示されるようになり、セル範囲がはっきりとわかるようになりました。

● **エラーチェック機能**

エラーチェック機能は、従来のバージョンの操作方法と機能を踏襲し、＜エラーチェックオプション＞をクリックして表示されるメニューから行いたい項目をクリックして選択します。

Appendix ▶ 5

最新関数

Excel 2016 以降、Office 365 Solo などを利用するユーザーは、新しく追加・修正された関数を使用できるようになります。上記の一部のユーザーは、6 つの新関数を利用できます。

● IFS 関数（論理関数：追加）
IFS（論理式 1, 真の場合 1 [, 論理式 2, 真の場合 2...]）
1 つまたは複数の条件が満たされるかどうかをチェックして、最初の真の条件に対応する値を返します。

● SWITCH 関数（論理関数：追加）
SWITCH（式 , 値 , 戻り値 1 [, 既定値または値 2, 戻り値 2...]）
SWITCH 関数は、式で指定したものと値を比較し、最初に一致する値に対応する結果を返します。

● MAXIFS 関数（統計関数：追加）
MAXIFS（最大範囲 , 条件範囲 1, 条件 1 [, 条件範囲 2, 条件 2...]）
MAXIFS 関数は、所定の条件または基準により指定されたセル間の最大値を返します。

● MINIFS 関数（統計関数：追加）
MINIFS（最大範囲 , 条件範囲 1, 条件 1 [, 条件範囲 2, 条件 2...]）
MIMIFS 関数は、所定の条件または基準により指定されたセル間の最小値を返します。

● CONCAT 関数（文字列操作関数：CONCATENATE 関数の置き換え）
CONCAT（文字列 1 [, 文字列 2...]）
CONCAT 関数は、2 つ以上の文字列を 1 つの文字列に結合します。

● TEXTJOIN 関数（文字列操作関数：追加）
TEXTJOIN（区切り記号 ,ignore_empty, 文字列 1 [, 文字列 2...]）
TEXTJOIN 関数は、複数の範囲や文字列からのテキストを結合し、結合する各テキスト値の間に、指定した区切り記号を挿入します。

索引

数字

10進数	270-272, 274, 276
10のべき乗	278
16進数	271-276
2乗の合計	51
2進数	268-273
8進数	273, 275, 276

英字

AND演算	201
AND条件	239
F分布	131
F検定	130
ISO週番号	159
MTBF	121
NOT演算	201
OR演算	201
OR条件	239
R-2乗値	137
SQLサーバー	300
t検定	130
t分布	126, 128
Unicode番号	263
Unicode文字	262
URLエンコード	302
XML形式	302
XOR演算	201
y切片	141
z検定	130, 131

あ行

アークコサイン	74
アークコタンジェント	76
アークサイン	74
アークタンジェント	74
頭金	174
余り	60
アラビア数字	66
一致検索	223
印刷できない文字	265
営業日数	162
エラー値	202, 203, 207, 211-214
エラーチェック	312
エラーのタイプ	214
エラーを無視して集計	53
円記号	257
円周率	69
大文字	253, 260, 261

か行

回帰指数曲線	146
回帰直線	141, 142
階乗	62
カイ二乗検定	136
カイ二乗分布	134, 135
ガウス分布	111
確率分布	111
確率変数	132, 133, 135
貸付金額	174
稼働日数	161, 164
カラーリファレンス	312
借入金額	174
元金返済額	168, 170, 171
漢数字	258
ガンマ関数	123
ガンマ分布	124

索引

元利均等返済	168
幾何分布	114
幾何平均	88
期間	164-166
逆行列	81, 310
逆三角関数	75
逆正弦	74, 78
逆正接	74, 79
逆余弦	74, 79
キャッシュフロー	176, 178, 179
旧定率法	182
キューブ	298-301
行数	231
行番号	230
共分散	138
行列式	81
行列の積	81, 310
虚数係数	281
距離	277
切り上げ	56-59
切り下げ	54
切り捨て	55, 56, 58
近似検索	223
近似直線	143, 145
金種計算	60
金利累計	171
空白セル	94, 98
組み合わせ	63
繰上返済	171
クロネッカーのデルタ関数	279
経過利息	189
桁区切り記号	256, 263
月次返済額	168
決定係数	137, 146
減価償却	182, 183
現在価値	174
現在時刻	150
現在日付	150
検索方法	222, 223
合計	46-51
コード変換	262
コサイン	72, 286
誤差関数	291, 292
誤差積分	292
故障率	121, 125
小文字	253, 260, 261

さ行

最終回収金額	174
最終返済金額	174
最小値	90, 241
差	283
最小公倍数	61
最大公約数	61
最大値	90, 241
最頻値	92, 93, 107
サイン	72, 285
三角関数	75
算術演算子	303, 304
算術級数法	183
参照演算子	303, 304
参照されるセルの値	232
シートの数	217
時価	188
時間	155, 277
しきい値	279
次元	80
時刻	148, 150, 152

索引

時刻シリアル値	148
四捨五入	55, 56, 59
指数関数	70, 289
指数分布	121, 124, 125
自然対数の底	70
実効年利率	180
実数係数	281
実数の乱数	82
実質年率	175
指定した順位の数値	101
指定月数後の月末日付	160
指定範囲に収まる確率	109
支払回数	173
支払日	160
シフト	269, 270
収益将来価値	179
修正デュレーション	184
修正内部利益率	179
修正マコーレー係数	184
週の番号	158
週末や祝日を除外	162
重量	277
寿命	121
順位	100
順列	108
商	60
条件分岐	198
条件を満たすセルの個数	95
小数表示	181
小数部の切り捨て	54, 55
情報関数	207
正味現在価値	176, 178
常用対数	290
将来価値	174
書式記号	305
シリアル値	148, 154-157
信頼区間の幅	126
真理値表	201
数式の値への変換	236
数値変換	256-258
スチューデントのt分布	127, 130
正割	73
正規分布	111, 116
正弦	72
成功回数	112
整数の乱数	82
正接	72
西暦	153
積	50, 81, 240, 283
積率相関係数	137
絶対値	68, 282
セル参照	211, 232, 303
セル参照に変換	231
セルの行番号 / 列番号	230
セルの個数	94, 98, 245
セルの情報	218
セル範囲形式	227
全角変換	259
尖度	108
先頭文字を大文字に変換	261
相関係数	137, 139
双曲線逆正弦	78
双曲線逆正接	79
双曲線逆余弦	79
双曲線正弦	76
双曲線正接	77
双曲線余弦	76
総計	50

索引

操作環境に関する情報............ 216
相対位置..................... 228, 229
相補誤差関数............... 291, 292
相乗平均........................... 88

た行

対数........................... 71, 290
対数正規分布..................... 120
多項係数........................... 64
縦方向の表....................... 222
縦横座標......................... 227
単位行列........................... 80
単位の変換....................... 277
タンジェント....................... 72
置換............................. 255
値の相対位置..................... 228
中央値............................. 92
超幾何分布....................... 114
調和平均........................... 89
貯蓄目標額....................... 174
月............................... 154
定額法........................... 183
定期回収......................... 169
定期支払額....................... 169
定期貯蓄......................... 169
定期返済額................. 168, 169
定期利付債の日付情報............ 195
定率法....................... 182, 183
データ型......................... 214
デュレーション................... 184
デルタ........................... 279
度............................... 67
投資金額......................... 174
投資の期末のリターン............ 174

等分散検定....................... 134
調和平均........................... 89
度数分布..................... 99, 310
ドル価格......................... 181
ドル記号......................... 257

な行

内部利益率................. 178, 179
二項係数........................... 63
二項分布................... 110, 111
二重階乗........................... 62
入金 / 出金....................... 169

は行

バーツ書式....................... 257
排他的論理和..................... 269
バイト数..................... 249-252
バイト番号................. 253, 254
ハイパーボリックアーク
　コタンジェント.................. 79
ハイパーボリックコサイン... 76, 79
ハイパーボリックコセカント..... 77
ハイパーボリックコタンジェント
.... 78, 79
ハイパーボリックサイン.......... 78
ハイパーボリックセカント........ 77
ハイパーボリックタンジェント
.... 77, 79
配列形式................... 225, 227
配列数式......................... 309
配列定数................... 227, 309
半角変換......................... 259
日............................... 155
ピアソンの積率相関係数......... 137

317

索引

比較演算子	303, 304
引数［条件］における条件設定	239
引数リスト	226
左端から文字を取り出す	250
日付システム	148
日付シリアル値	148
日付文字列	155
ビット演算	268, 269
非定期キャッシュフロー	179
ピボットテーブル	235
百分位	103
百分率	103
秒	156
表示形式	305
表示されない0	85
標準化変量	119
標準誤差	145
標準正規分布	116, 117, 292
標準偏差	243
標本標準偏差	105
標本分散	242
フィールド	238
フィッシャー変換	140
複素共役	282
複素数	280
複素数のコサイン	286
複素数の差	283
複素数のサイン	285
複素数の指数関数	289
複素数の自然対数	290
複素数の商	284
複素数の常用対数	290
複素数の積	283
複素数の絶対値	282
複素数の対数	290
複素数の平方根	285
複素数のべき乗	284
複素数の偏角	282
複素数の和	283
符号	68
負の二項分布	113
不偏分散	242
不要なスペース	265
ふりがな	260
分	156
分散	104
分数表示	181
平均	84-89
平均故障間隔	121
平均上昇率	88
平均値	240
平均と分散の検定	130
平均偏差	106
米国財務省短期証券	196
ベルヌーイ試行	111
平方根	69, 285
平方和	51, 106
ベータ分布	122
べき級数近似	64
べき乗	71, 284
ベクトル形式	224
ベッセル方程式	294
ベッセル関数	293, 294, 296
偏角	282
変形ベッセル関数	295, 296
偏差平方和	51, 106
ポアソン過程	115, 121

索引

ポアソン分布 ……………… 115, 121
補正項 …………………………… 141

ま行

マコーレー係数 ………………… 184
満期受領金額 …………………… 174
満期日 …………………………… 160
右端から文字を取り出す ……… 251
名目年利率 ……………………… 180
メジアン …………………………… 92
モード ………………………… 92, 93
文字コード ………………… 261, 262
文字数 …………………………… 249
文字列演算子
 …………………… 151, 152, 303, 304
文字列の位置 ……………… 252-254
文字列の結合 ……………… 248, 304
文字列の置換 …………………… 255
文字列の抽出 …………………… 258
文字列の比較 …………………… 264
文字列を繰り返して表示 ……… 266
文字列を数値に変換 …………… 260

や行

曜日 ………………… 157, 226, 252
余弦 ………………………………… 72
横方向の表 ……………………… 223
余割 ………………………………… 73
余接 ………………………………… 73
予測値 ……………………… 143, 144
四分位 …………………………… 102

ら行

ラジアン …………………………… 67
乱数 ………………………………… 82
利息 ………………………… 173, 190
リターン ………………………… 174
領域の数 ………………………… 233
両側確率 ………………………… 127
利率 ……………………………… 185
利率と期間 ……………………… 169
利回り …………………………… 187
リンク …………………………… 235
累積分布関数 ……… 115, 116, 121
累積分布関数の逆関数 …… 119, 122
列数 ……………………………… 231
列番号 …………………………… 230
ローマ数字 ……………………… 66
論理演算 ………………………… 201
論理積 …………………………… 268
論理和 …………………………… 268

わ行

和 ………………………………… 283
ワークシートの数 ……………… 217
歪度 ……………………………… 107
ワイブル分布 …………………… 124
ワイルドカード ………………… 98
割り算 …………………………… 60
和暦 ……………………………… 153

■ お問い合わせの例

FAX

1 お名前
技術 太郎

2 返信先の住所またはFAX番号
03-XXXX-XXXX

3 書名
今すぐ使えるかんたんmini
Excel 全関数事典
[Excel 2016/2013/2010/2007 対応版]

4 本書の該当ページ
115ページ

5 ご使用のOSとソフトウェアのバージョン
Windows 10 Pro
Excel 2016

6 ご質問内容
画面が表示されない

お問い合わせについて

本書に関するご質問については、本書に記載されている内容に関するもののみとさせていただきます。本書の内容と関係のないご質問につきましては、一切お答えできませんので、あらかじめご了承ください。また、電話でのご質問は受け付けておりませんので、必ずFAXか書面にて下記までお送りください。
なお、ご質問の際には、必ず以下の項目を明記していただきますようお願いいたします。

1 お名前
2 返信先の住所またはFAX番号
3 書名
（今すぐ使えるかんたんmini Excel 全関数事典
[Excel 2016/2013/2010/2007 対応版]）
4 本書の該当ページ
5 ご使用のOSとソフトウェアのバージョン
6 ご質問内容

なお、お送りいただいたご質問には、できる限り迅速にお答えできるよう努力いたしておりますが、場合によってはお答えするまでに時間がかかることがあります。また、回答の期日をご指定なさっても、ご希望にお応えできるとは限りません。あらかじめご了承くださいますよう、お願いいたします。ご質問の際に記載いただいた個人情報は、ご質問の返答以外の目的には使用いたしません。また、返答後はすみやかに破棄させていただきます。

今すぐ使えるかんたんmini
Excel 全関数事典
[Excel 2016/2013/2010/2007 対応版]

2016年 5月15日 初版 第1刷発行

著者●技術評論社編集部＋AYURA
発行者●片岡 巖
発行所●株式会社 技術評論社
　　　東京都新宿区市谷左内町21-13
　　　電話　03-3513-6150　販売促進部
　　　　　　03-3513-6160　書籍編集部
担当●野田 大貴
装丁●田邉 恵里香
本文デザイン●Kuwa Design
編集／DTP●AYURA
製本／印刷●図書印刷株式会社

定価はカバーに表示してあります。

落丁・乱丁がございましたら、弊社販売促進部までお送りください。交換いたします。
本書の一部または全部を著作権法の定める範囲を超え、無断で複写、複製、転載、テープ化、ファイルに落とすことを禁じます。

©2016　技術評論社
ISBN978-4-7741-8033-5 C3055
Printed in Japan

お問い合わせ先

問い合わせ先
〒162-0846
東京都新宿区市谷左内町21-13
株式会社技術評論社　書籍編集部
「今すぐ使えるかんたんmini
　Excel 全関数事典［Excel 2016/
　/2013/2010/2007 対応版］」質問係

FAX番号　03-3513-6167

URL：http://book.gihyo.jp